空天科学与工程系列教材·空天推进

热工实验基础

黄敏超　李大鹏　李小康　张　静　编著

科学出版社

北　京

内 容 简 介

本书主要叙述与航空航天领域相关的热工实验基础内容，目的是使读者了解关于热工实验的基本理论知识，掌握热工实验过程的本质，培养学生实验操作能力与理解能力。全书内容共 5 章，主要为绪论、实验参数测量、热力学实验、传热学实验、燃烧学实验。本书注重对热工基本量、测量方法、测量数据处理等基本概念和基础理论知识的阐述，详细介绍了热力学、传热学、燃烧学等实验，着重阐明其实验原理、装置、操作流程和数据处理等内容。

本书可供力学、航空宇航科学与技术、动力工程和工程热物理等相关专业的本科生或研究生使用，也可供从事热工动力类各专业的教学、科研和工程技术人员参考。

图书在版编目（CIP）数据

热工实验基础 / 黄敏超等编著. —北京：科学出版社，2021.10
（空天科学与工程系列教材·空天推进）
ISBN 978-7-03-069982-4

Ⅰ. ①热… Ⅱ. ①黄… Ⅲ. ①热工试验-教材 Ⅳ. ①TK122

中国版本图书馆 CIP 数据核字（2021）第 201955 号

责任编辑：潘斯斯 陈 琪 / 责任校对：王 瑞
责任印制：侯文娟 / 封面设计：迷底书装

科 学 出 版 社 出版
北京东黄城根北街 16 号
邮政编码：100717
http://www.sciencep.com
天津市新科印刷有限公司印刷
科学出版社发行 各地新华书店经销
*
2021 年 10 月第 一 版 开本：787×1092 1/16
2024 年 7 月第四次印刷 印张：10 1/2
字数：300 000
定价：49.00 元
（如有印装质量问题，我社负责调换）

序

　　自古以来，人类就一直梦想能够像鸟儿一样自由飞行。无论是嫦娥奔月还是敦煌飞天，都表达了人们对于天空的这种向往，人类也从来没有停止过对飞行的追求和探索。莱特兄弟在 1903 年实现了人类大气层内的第一次有动力飞行，开启了航空时代新纪元。同一年，齐奥尔科夫斯基建立了火箭和航天学理论。1911 年他说出了这样一段名言："地球是人类的摇篮，但是人类决不会永远停留在摇篮里。为了追求光明和探索空间，开始会小心翼翼地飞出大气层，然后再征服太阳周围的整个空间……"。1926 年戈达德成功发射了第一枚液体火箭。他有一句名言："过去的梦想，今日的希望，明天的现实"。人类从此进入航天时代。第一架螺旋桨飞机，第一个民用航班，第一架超声速飞机，第一颗人造卫星，第一艘载人飞船，第一次踏上月球表面……短短100 年，人类飞行史跨越了一个又一个里程碑。时至今日，航空航天技术对人类社会的影响已经拓展到交通、通信、气象、军事乃至日常生活等各个方面，其作用无疑是巨大而且广泛的。

　　空天发展，动力先行。作为空天飞行器的"心脏"，航空航天发动机技术的突破一直是推动空天活动不断发展的重要驱动力。活塞式发动机直接催生了飞机，喷气式发动机推进飞机突破声障，火箭发动机技术的成熟使得人类的宇宙航行和空间探索成为现实。目前已经成为国际热点的超燃冲压发动机可以实现两小时全球到达，有望把人类带入高超声速时代……社会不断进步，文明不断发展，人类的飞行梦想不断延伸，为空天推进技术的发展提供了源源不断的牵引力，也寄托了更热切的期盼。

　　我国的航空航天事业伴随着共和国的成长，从无到有，从弱到强，见证了中华民族伟大复兴的历史进程。航空航天事业的发展过程也正是空天推进技术不断取得突破的过程。一代又一代空天推进领域的专家和技术人员，殚精竭虑，栉风沐雨，付出了辛勤的劳动，做出了巨大的贡献，也收获了沉甸甸的希望。从 WP 系列涡喷发动机、WS 系列涡扇发动机，到 YF 系列液体火箭发动机、FG 系列固体火箭发动机等各类航空航天发动机，累累硕果无不凝结着空天推进人的执著追求和艰苦奋斗。

　　国防科技大学空天科学学院源自哈尔滨军事工程学院的导弹工程系，成立以来一直专注航空航天领域的人才培养和科学研究工作，六十余年来为我国航空航天领域管理部门、科研院所、工厂企业等单位培养了大批优秀的科技、管理等各类人才，发挥了重要作用，产生了被传为美谈的"人才森林"现象。空天科学学院的校友们也一直是我国空天推进事业的骨干力量。

　　最近，教育部公布了"双一流"建设高校及建设学科名单，国防科技大学进入了"一流大学"名单，空天科学学院主建的航空宇航科学与技术学科进入"一流学科"名单。

　　习近平总书记在党的十九大报告明确提出"加快一流大学和一流学科建设，实现高等教育内涵式发展"，指明了高等学校的办学方向。建设世界一流学科，涉及多个方面的内容，最重要的是两个方面：高质量的人才培养和高水平的科学研究。人才培养可以说是高等学校的立身之本，是最重要的使命。高水平的教学活动是培养高质量人才的基础性工作，包括课堂教学、实践教学、创新活动指导等多个方面，因此应是建设一流学科重点关注的工作之一。高质量的人才培养，不仅对学科声誉具有长期的支持作用，而且为科学研究提供宝贵的创新人才支持。同时，高水平的科学研究对于人才培养也有着非常重要的支撑作用。十九大报告指出，建设创新型国家，"要瞄准世界科技前沿，强化基础研究，实现前瞻性基础研究、引领性原创成果重大突破。"可见，新时代高等学校的科学研究要更注重提升品质，提高层次，不仅要为我国原始创新、引领性成果做出更大贡献，而且要为建设世界一流学科奠定坚实基础。

　　国防科技大学有一个很好的办学传统，就是依照"中国航天之父"钱学森同志提出的"按学科设系，理工结合，加强基础，落实到工"的传统。这实际上就是以学科建设为主线，将人才培养与科学研究紧密结合，教研相长，相得益彰，形成良性循环。实践证明，这是一条成功之路。

　　空天科学学院按照这个思路开展学科建设，其中，编著出版高水平教材和专著是他们采用的行之有效的好方法之一。这样，既能及时总结升华科学研究的成果，又能形成高水平的知识载体，为高质量人才培养提供坚实支撑。早在 20 世纪 90 年代，学院老师们便出版了《液体火箭发动机控制与动态特性理论》《变推力液体火箭发动机及其控制技术》《液体火箭发动机喷雾燃烧的理论、模型及应用》《高超声速空气动力学》等十几本教材，至今仍被本领域高等学校和研究院所作为常用参考书。

现在，在总结凝炼长期人才培养心得和前沿科研成果基础上，他们又规划组织编著"空天推进"系列教材。这不但延续了学院的优良传统，也是建设世界一流学科的前瞻性举措，恰逢其时，承前启后，非常必要。这套新规划的"空天推进"系列教材，有几个鲜明的特点。一是层次衔接紧密，二是学科优势突出，三是内容系统丰富。整个系列按照热工基础理论、推进技术基础、发动机应用技术和学科前沿等几个层次规划，既突出火箭推进方向的传统优势，又拓展到冲压推进新优势方向，既注重理论基础，又强调分析设计应用，覆盖面宽，匹配合理，并统筹考虑了本科生和研究生的培养需要。总体来说，涵盖了空天推进领域较为系统的知识，体现了优势学科专业特色，反映了空天推进领域的发展趋势。这不但对于有志于在空天推进领域深造的青年学子大有帮助，而且对于从事空天推进领域研究与应用的科技人员，也大有裨益。这个系列教材的出版，对我国空天推进人才的培养和先进空天推进技术的发展，必将起到积极的促进作用。

习近平主席在我国首个"中国航天日"之际指出："探索浩瀚宇宙，发展航天事业，建设航天强国，是我们不懈追求的航天梦"，强调要坚持创新驱动发展，勇攀科技高峰，谱写中国航天事业新篇章。前辈们的不懈努力已经推动我国航空航天事业取得世人瞩目的巨大进步，空天事业的持续发展还需要靠后来人继续努力。空天推进是推动航空航天事业飞跃的核心技术所在，需要大批掌握坚实基础理论和富于创新精神的优秀人才持续拼搏、长期奋斗。我坚信，只要空天推进工作者矢志争先图强，坚持追求卓越，我们就一定能够不断实现新的跨越，不辜负新时代对空天推进人的殷切期待！

中国科学院院士 龙乐豪

2017 年 10 月

前　言

《热工实验基础》依据国防科技大学"工程热力学""传热学""燃烧理论"等本科生课程的新版教学大纲标准，结合作者多年的教学经验以及教学过程中汲取的建议，在校内试用多年的《热工实验教程》内部教材的基础上编写而成。

本书主要讲述了航空航天领域所涉及的动力工程实验参数测量、热工实验，它是航空航天领域从事热工动力类各专业的教学、科研和工程技术人员必备的基础实验内容。本书的主要任务是进一步完善实验测量的基础理论知识与测量方法、热工实验内容，以提高本科生、研究生的热工实验基础水平，培养本科生、研究生做实验的思维模式，并使他们学会运用热工实验基础理论和分析方法处理实验中的有关问题。

本书各章内容安排如下。

第1章是绪论，介绍测量基本知识、测量方法、测量分类、测量误差与测量不确定度、测量系统、测量技术的发展状况。

第2章是实验参数测量，讲述温度、压力和压差、流场密度、流量、转速与功率等热工基本量的测量原理、仪表介绍及其使用方法等。

第3章是热力学实验，讲述热力学实验的实验原理、实验装置、实验操作流程和实验数据处理等。

第4章是传热学实验，讲述传热学实验的实验原理、实验装置、实验操作流程和实验数据处理等。

第5章是燃烧学实验，讲述燃烧学实验的实验原理、实验装置、实验操作流程和实验数据处理等。

本书第1章、第5章由张静编写，第2章由李大鹏编写，第3章由黄敏超编写，第4章由李小康编写，全书由黄敏超、张静统稿。在本书编写过程中，得到沈赤兵教授和樊忠泽研究员有意义的指导，在此表示衷心的感谢。此外，感谢为本书提供各种资料和帮助的其他专家教授们以及参与修改和校对工作的研究生。在编写过程中，参考了国内外一些教材和文献的内容，在此一并致谢。

由于作者水平有限，书中难免存在疏漏之处，恳请读者批评指正。

作　者

2020 年 12 月

目　　录

第1章 绪 论

1.1 测量基本知识

1. 测量的概念

测量是对非量化实物的量化过程，即按照某种规律用数据描述观察到的现象，对事物做出量化描述。

2. 测量与检测的联系与区别

1) 测量与检测的联系

测量一般是指对某一点的测量，而检测则是对某个整体的检测。

2) 测量与检测的区别

(1) 释义不同。

检测：检查测试，检验测定；

测量：用各种仪器来测定物体位置以及测定各种物理量。

(2) 用法不同。

检测：只能评定被测对象是否合格，无法给出被测对象量值的大小；

测量：被测对象与标准量相比较后得出被测对象的具体量值，判别出被测对象是否合格。

3. 测量的意义

测量的意义是指人们认识事物之间定量关系的一种手段。

4. 测量的构成要素

1) 测量的客体即测量对象

测量对象主要是指几何量。几何量包括长度、面积、形状、高度、角度、表面粗糙度以及形位误差等。几何量有种类繁多、形状各式各样等特点，因此对于他们的特性、定义以及标准等都必须熟知，以便进行测量。

2) 计量单位

1984 年 2 月 27 日中华人民共和国国务院正式公布了中华人民共和国法定

计量单位。在长度计量中单位为米(m)，其他常用的计量单位有热力学温度(K)、时间(s)、质量(kg)、物质的量(mol)、电流(A)和发光强度(cd)。

3) 测量方法

测量方法的含义是按类叙述的一组操作逻辑次序进行测量。测量几何量时，需根据被测参数的公差值、大小、轻重、材质、数量等特点，通过分析研究该参数与其他参数的关系，最后确定测量该参数的操作方法。

4) 测量的准确度

测量的准确度是指测量结果与真值的一致程度。由于在任何测量过程中都存在不可避免的测量误差，且误差越大说明测量结果离真值越远，准确度就越低，因此任何测量结果都是以一近似值来表示。

1.2 测量方法

测量方法包括直接测量法、间接测量法和组合测量法。

1. 直接测量法

直接测量法是指直接测得被测量的数值，无须进行被测量与实测量函数关系之间的辅助计算。

2. 间接测量法

间接测量法是指通过直接测量被测参数中的已知函数关系量，测量得到该被测参数量的值。

3. 组合测量法

组合测量法是指如果被测量函数式有多个未知量，且通过对中间量的一次测量无法得到被测量的值，此时可通过改变测量条件来获得可测量的不同组合，测出可测量的数值，联立方程求解出未知的被测量。

1.3 测量分类

根据测量条件、测量仪器、测量对象的不同，将测量分为以下几类。

1. 静态测量和动态测量

静态测量：测量不随时间变化的量值方法。

动态测量：测定随时间变化的瞬间量值方法。

2. 等精度测量和不等精度测量

等精度测量：对同一个被测量用相同的仪表与测量方法进行多次重复测量。

不等精度测量：对同一被测量用不同精度的仪表或不同的测量方法，或在环境条件相差很大的情况下进行多次测量。

3. 电量测量和非电量测量

电量测量：指电子学中对电磁能的量、表征信号特征的量、表征元件和电路参数的量、表征网格特性的量等进行的相关测量。

非电量测量：将各种被测的非电量参数，如温度、位移、压力、化学成分等转换成电量参数进行测量的技术，包括传感器技术和电子技术。

1.4　测量误差与测量不确定度

1. 测量误差

被测量的测量值与其真实值之间存在的偏差，即测量误差。

2. 测量不确定度的评定与表示方法

标准不确定度是指用标准偏差表示测量结果的不确定度。按照评定方法的不同，可分为两类。

A 类评定：通过对观测列进行统计分析，评定标准不确定度，采用统计方法计算标准不确定度。

B 类评定：通过用不同于对观测列进行统计分析的方法来评定标准不确定度，若无特殊说明，一般按正态分布考虑其标准不确定度。

1.5　测量系统

由较多的测量仪表、有关附件和连接器件，且按照一定规律组合而成的有机整体，称为测量系统。

测量系统主要由测量对象、测量仪器及附属设备、测量结果的处理机构组成。从广义的角度讲，测量系统应包括测量人员及测量环境等，测量系统的各个组成部分是互相联系又互相制约的。

测量系统的基本特性是指测量系统与其输入、输出的关系，分为静态特性和动态特性。

静态特性：输出信号 $x(t)$ 不随时间变化；

动态特性：输出信号 $x(t)$ 随时间变化。

1.6　测量技术的发展状况

1. 传感器向集成化、微型化和智能化的方向发展

传感器集成化主要有两种形式：一种是将同一类型的单个传感元件集成在同一平面上排列起来，排成一维的线性传感器，即同一功能的多元件并列化。另一种是多功能一体化，即将传感器与运算、放大以及温度补偿等环节一体化，组装成一个器件。

到目前为止，各种集成化传感器已有许多系列产品并且有些已得到广泛应用。集成化是传感器技术发展的一个重要方向。

传感器的微型化是近年来传感器发展的重要方向之一，微机械电子系统技术的发展是传感器微型化的基础，微型传感器是目前最为成功、最具实用性的微机械电子系统装置，且发展极为迅速，已发展成为一门独立技术。

智能传感器自身带有微处理器，它是一种具有信息检测与记忆、信号处理、逻辑思维与判断功能的传感器，随着自动测控系统发展的需要而产生，集聚了传感器、控制理论、微型计算机与现代通信等，是一门多学科交叉的技术，也是传感器技术克服自身不足向前发展的必然趋势和结果。

目前，智能传感器的发展尚处于初级阶段，有待深入研究。

2. 不断拓展测量范围，努力提高测量准确度和可靠性

在自动化程度不断提高及发展过程中，各行业高效率的生产更加依赖于各种检测、控制设备的安全可靠，并且对于航空、航天和武器系统等特殊用途的检测仪器的可靠性要求更高。努力研制能满足用户在复杂和恶劣测量环境下所需精度，且能长期稳定工作的各种高可靠性检测仪器和检测系统将是测量技术的一个长期发展方向。

第 2 章　实验参数测量

在研究各种热力设备运行及有关热工实验过程中，需要对其内部工质的状态进行测量。例如，研究对象为气体时，需要了解气体的压力、温度和密度，有时还需要测定其干度；研究有关换热的过程时，需要测量传热工质的流速和流量；研究热力设备整体运行情况时，需要通过功率和效率等参数对其进行分析。

综上所述，工业过程、科学实验等过程中的热功基本量包括温度、压力、流场密度、流量、转速、功率等。本章将对这些常见基本量的测量原理、方法以及有关常用仪器仪表的工作原理、选择与使用要点进行介绍，以便在学习各种热工实验时加以引用。

2.1　温　度　测　量

温度为 7 个国际单位制(SI 制)中的基本量之一，是热功基本量中的重要物理参数，它与工农业生产、科学实验和人们生活紧密相关。用于温度测量的仪器、仪表种类众多、应用广泛，是热工自动化仪表五大类型中最普遍、最重要的一种。

2.1.1　温度测量概述

1. 温度

从宏观上讲，温度是指物体的冷热程度；从微观来看，温度是由物体内部分子无规则热运动产生的，是分子间平均动能的表现。物体内部分子热运动越激烈，温度就越高。

2. 温标

用来度量温度高低的尺度叫温度标尺，简称温标，是对温度的定量描述。温标依据一定规则、采用具体数值来表示温度，它确定了温度的单位。

温标的建立是一个复杂的过程，下面简单介绍温标建立的条件以及几种常用温标。

1) 温标建立的条件

(1) 固定点。

建立某一个温标时，往往首先采用纯物质的相平衡温度作为温标的固定点，该固定点为温度标度的基准。然后，规定固定点的温度值，其他温度通过与固定点比较确定其数值。

(2) 测温仪器(温度计)。

固定点选定后，通过测温仪器实现温标的测量，这类测温仪器一般通过测温物质随温度变化的物理特性来实现，称为温度计。

(3) 内插公式。

确定固定点的温度值之后，任意一点的温度值可采用某些差值方法进行计算，所用到的数学关系式称为内插公式。如线性内插公式：

$$t = t_1 + \left(\frac{y - y_1}{y_2 - y_1}\right)(t_2 - t_1) \tag{2-1-1}$$

式中，y_1 是任一点温度，y 是测温变量，y_2 是固定点对应的测温变量，t_1、t_2 是固定点温度。

2) 几种温标

(1) 经验温标。

经验温标是基于某些物质的物理参量随温度变化的函数关系，用实验方法或经验公式构成的温标。经验温标包括摄氏温标、华氏温标和列氏温标等。

摄氏温标：在标准大气压下，将纯水的沸点规定为 100 摄氏度(℃)，纯水的冰点规定为 0 摄氏度(℃)，在 0～100℃ 之间划分 100 等份，每一份叫 1 摄氏度(℃)。

华氏温标：在标准大气压下，将纯水的沸点规定为 212 华氏度(℉)，纯水的冰点规定为 32 华氏度(℉)，在 32～212℉ 之间划分 180 等份，每一份叫 1 华氏度(℉)。

列氏温标：在标准大气压下，将纯水的沸点规定为 80 列氏度(°R)，纯水的冰点规定为 0 列氏度(°R)，在 0～80°R 之间划分 80 等份，每一份叫 1 列氏度(°R)。

(2) 热力学温标。

热力学温标即开尔文温标，是开尔文在 1848 年建立在热力学第二定律基础上的一种理论温标。根据热力学第二定律，理想可逆热机的最大热效率只取决于其工作过程中的两个热源温度，而与工作物质无关。由此可引入一个与测温物质及其测温属性无关的温标，用来标示热源的温度。它的比值等于可逆热机与这两个热源之间传递的热量之比，即 $Q_2/Q_1 = T_2/T_1$。但是这个公式只确定了两个温度之比，为了完全确定热力学温度的数值，1960 年，国际计量大会决定采用水的三相点为固定点，规定其值为 273.16K。在这种规定下，间隔 1K 等于 1℃。热力学温标的定义式为

$$T = 273.16 \times \frac{Q}{Q_1} \tag{2-1-2}$$

(3) 国际温标。

随着热力学温标的提出，各国科学家在大力研究用实用温度计传递热力学温标的可能。国际温标是指在国际的协议性温标，是世界上温度数值统一的标准，一切温度计的示值和测量结果都应采用国际温标表示。1989 年，第 27 届国际计量委员会(CIPM)通过"1990 国际温标"(ITS-1990)，其特点是：①国际温标同时使用国际开尔文温度(T_{90})和国际摄氏温度(t_{90})，它们的单位分别为开尔文(K)和摄氏度(℃)；②国际温标以一些物质的可复现的平衡态的指定温度值(定义固定点)，以及在这些温度值上分度的标准仪器和相应的内插公式(或插值表)为基础；③ITS-1990 温标的下限延伸到 0.65K，上限延伸到用普朗克定律和单色辐射方法实际可测量的最高温度；④13.8033～273.16K，0～961.78℃用铂电阻温度计插值；961.78℃以上用基于普朗克定律的高温辐射温度计插值。

3. 温度测量方法简介

测温方法有接触式和非接触式两大类。接触式测温仪表的感温元件与被测介质直接接触，非接触式测温仪表的感温元件不与被测介质相接触。

接触式测温仪表的感温元件与被测物体具有良好的热接触，因此当两者达到热平衡时便可指示出被测物体的温度值，准确度较高。但由于感温元件与被测物体直接接触，不仅影响了被测物体的热平衡状态，而且可能还会受到被测介质的腐蚀，因此接触式测温仪表对感温元件的结构和性能要求较高。膨胀式温度计、压力表式温度计、热电阻温度计和热电偶温度计为常用的接触式温度计。

非接触式测温仪表是利用物体的热辐射能随温度变化的性质制成的，其具有感温元件不与被测物体相接触，也不改变被测物体的温度分布的优点，通常用来测定 1000℃以上的高温物体的温度。但非接触式测温方式存在受环境影响因素较大的缺点，其测量值往往需要修正后才能获得真实温度。非接

触式温度测量仪表大致上可分成光学辐射式高温计和红外辐射仪两大类：其中光学辐射式高温计包括：单色辐射高温计、光电高温计、全辐射高温计和比色高温计等；而红外辐射仪包括：全红外辐射型、单色红外辐射型、比色型等，适用于测量较低温度。

4. 燃烧流场温度测量

燃烧流场的温度是燃烧诊断研究中最重要的物理量，它是对燃烧过程最直观的描述。通过测量火焰温度，能够了解火焰的温度分布规律，用来探讨火焰燃烧的物理作用过程和化学反应机理，了解燃烧过程，评估燃烧效率，进而对燃烧火焰进行总体评价。

在化工、汽车、能源、冶金及国防工业等应用领域中，航空、航天动力装置中的火焰温度测量对技术的要求是最高的，它对于评估发动机的燃烧性能，确定燃料最佳配比以及改进发动机的结构设计都具有重要的意义。航空航天动力装置中的燃烧火焰一般具有高温、高压、非稳态、振动及辐射强等特点，使得传统的接触法测温应用非常困难，而采用普通光源的传统非接触测温技术尽管已经比较成熟，但由于其自身存在的各种缺陷，应用也受到很大限制。而激光光谱诊断技术以其自身的独特优势正成为当前火焰温度测量领域中比较重要的技术手段。

激光光谱技术是以激光为激励光源的光谱技术，其测量能力更为突出。应用激光光谱诊断的方法进行测量研究具有一些固有的优势。激光具有良好的单色性，激光的单色性使得在实际中可以精确选择特定光谱进行激发，有利于提高光谱分辨率，能量也不会由于过宽的频率分布而无谓损耗，激发效率能够大大提高；激光极好的方向性使测量光束可实现精确聚焦，测量的空间分辨率易于提高，较高的功率密度有利于提高探测灵敏度，拓展测量下限；频率易调谐的特点使得可以根据被测物质的特点，选择合适的激光输出波长，得到更加丰富的光谱数据。将激光光谱技术用于火焰温度测量，有利于克服接触式测量方法及采用普通光源的光谱测量技术存在的多种缺陷，使测量更加便捷和精确。

2.1.2 膨胀式温度计

膨胀式温度计具有结构简单、价格低廉的优点，其测温范围为$-200\sim600℃$，一般用作就地测量。它是利用液体(水银、酒精等)或固体(金属片)受热时产生膨胀的特性制成。

按工作物质状态的不同，膨胀式温度计可分为液体膨胀式温度计(如玻璃水银温度计)、固体膨胀式温度计(如双金属温度计)和气体膨胀式温度计(如压力式温度计)三类。以下主要介绍玻璃液体温度计的原理、构造及分类。

1. 测温原理

利用感温液体体积随温度变化而变化与玻璃体积随温度变化而变化之差来测量温度。温度计示值即液体体积与玻璃体积变化的差值。

物质大多具有热胀冷缩的特性。通常，把温度变化1℃所引起的物体体积的变化量与它在0℃时的体积之比称为平均体膨胀系数，用β表示。当温度由t_1变化到t_2时，有

$$\beta = \frac{V_{t_2} - V_{t_1}}{(t_2 - t_1)V_0} \tag{2-1-3}$$

式中，V_{t_1}、V_{t_2}分别是温度为t_1和t_2时工作物质的体积，V_0是工作物质在 0℃的体积。

当$t_1 = 0$℃时，则式(2-1-3)可写为

$$\beta = \frac{V_t - V_0}{V_0 t} \tag{2-1-4}$$

而体积则为

$$V_t = V_0(1 + \beta t) \tag{2-1-5}$$

由于温度计的示值实际为液体体积与玻璃体积变化之差，若用γ表示玻璃的平均体膨胀系数，用k表示差值，则

$$k = \beta - \gamma \tag{2-1-6}$$

式中，k是视膨胀系数，β是液体平均体膨胀系数，γ是玻璃的平均体膨胀系数。

显然，在一般情况下，液体的体膨胀系数远远大于玻璃的体膨胀系数，因此，观察液体体积的变化即可知道温度的变化。

2. 构造

如图2-1所示，棒式玻璃液体温度计主要由感温泡、辅助标尺、毛细管、标尺、安全泡及中间泡等组成；内标式液体温度计主要由标尺板、安全泡、

毛细管、辅助标尺和感温泡等组成。

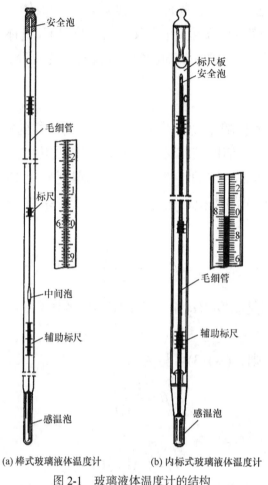

(a) 棒式玻璃液体温度计　　(b) 内标式玻璃液体温度计

图 2-1　玻璃液体温度计的结构

3. 分类

玻璃液体温度计的分类方法很多，主要有以下三类。

(1) 按结构分为以下三类。

① 棒式温度计：具有厚壁毛细管，直接刻度在玻璃管上。测温精度高，多用于实验室或作标准传递用，其结构如图 2-1(a)所示，是一种带有中间泡及零位线辅助标尺的温度计。

② 内标式温度计：毛细管贴靠在标尺板上，两者均封装在玻璃管中。多用作生产过程的温度测量，也可作为二等标准温度计，如图 2-1(b)所示。

③ 外标式温度计：玻璃管贴靠在标尺板上，标尺板不封装于玻璃管中。多用于测量室温，如寒暑表，如图 2-2 所示。这种温度计的标尺板可用塑料、

金属、木板等材料制成。

图 2-2 寒暑表

(2) 按浸没的方式不同可分为全浸式和局浸式两大类。其中,全浸式测量精度较高。

(3) 按使用要求不同可分为标准玻璃液体温度计和工作用玻璃液体温度计两大类。其中,标准玻璃液体温度计又可分为以下两类。

① 一等标准水银温度计:通常由 9 支组成,必须制成毛细管背后不带任何颜色的透明棒式的温度计。对于 100℃以上的温度计,在其毛细管中要充入惰性气体;100℃以下的温度计的毛细管抽成真空。

② 二等标准水银温度计:通常由 7 支组成,既可以是棒式的,也可以制成内标式的。其中,棒式的二等标准水银温度计在毛细管后面熔有一条乳白色的釉带。

4. 压力表式温度计

在密闭测温系统内,蒸发液体的饱和蒸气压力和温度之间存在变化关系,根据这一原理制成的温度计称为压力温度计,其主要构造(图 2-3)由温包、毛细管、盘簧管、双金属片、指针和工作物质组成。

温包是直接与被测介质相接触来感受温度变化的元件,当在密闭系统内的饱和蒸气产生相应的压力时,毛细管则将压力传递给弹性元件——盘簧管,盘簧管曲率将发生变化,从而使其自由端产生位移,再经由齿轮放大机构把位移变为指示值。这种温度计要求温包具有高的强度、小的膨胀系数、高的热导率以及抗腐蚀等性能。因此具有温包体积小,反应速度快、灵敏度高、读数直观等特点,是目前使用范围最广、性能最全面的一种机械式测温仪表。其测温范围为 0～300℃,但准确度较低,滞后性大。

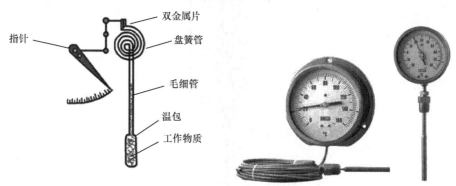

图 2-3　压力表式温度计原理与实物

2.1.3　热电阻温度计

热电阻温度计的测温范围为–200～960℃,是中低温区最常用的一种温度检测器,它是利用金属导体的电阻值随温度的增加而增加来进行温度测量的。这类温度计的特点是准确度高,能远距离传送指示,适于低、中温测量,但体积较大,测量点温较困难。

1. 热电阻温度计的结构

热电阻温度计主要由感温元件(电阻体)、绝缘管、保护套管、接线端子和接线盒等部分组成,如图 2-4 所示。电阻体是由电阻丝绕在骨架上构成的,对不同的热电阻,电阻体的结构稍有区别,下面介绍几种普遍的结构形式。

1) 热电阻的材料

热电阻的材料有如下特点:①有较大的电阻温度系数,电阻温度系数越大,则灵敏度越高;②有较大的电阻率 ρ,电阻率越大,则热电阻体积越小,热容量和热惯性越小,反应越迅速、准确度越高;③"电阻-温度"曲线要求是一条光滑曲线,最好呈线性关系,且电阻与温度必须为单值函数,这样可以便于分度、读数和减小内插误差;④同一材料的复现性好、复制性强,容易得到纯净的物质;⑤物理、化学性能稳定,不易氧化,不与周围介质发生作用,容易提纯;⑥价格便宜。

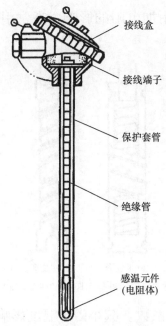

接线盒

接线端子

保护套管

绝缘管

感温元件
(电阻体)

图 2-4　热电阻温度计结构

常用的制作热电阻的材料主要有铂和铜，此外还有铁、镍、钨，低温时多用锗、铟、碳和铁铑合金等。其中铂热电阻的测量精确度是最高的，它不仅广泛应用于工业测温，而且被制成标准的基准仪。

2) 热电阻的骨架

对绕制电阻丝骨架的要求如下。

(1) 体膨胀系数小。电阻丝是紧绕于骨架上的，在测温过程中，若骨架的体膨胀系数等于或接近于电阻丝的体膨胀系数，这样在温度变化时，电阻丝就不会因为骨架的收缩或膨胀而产生应力。

(2) 有良好的绝缘性能和足够的机械强度。绝缘不好容易引起漏电，产生误差；机械强度要求能承受一定的振动和冲击。

(3) 无腐蚀性且能耐受高温。高温下无挥发，对电阻丝无腐蚀和污染，且在高温下不变形。

骨架的形状主要有十字形、平板形、圆柱形和螺旋形四种，其中，工业热电阻多采用平板形和圆柱形，一般标准热电阻采用螺旋形。骨架的材料主要有云母、玻璃、陶瓷、有机塑料、石英玻璃等。热电阻的骨架形状如图 2-5 所示。

3) 热电阻的引线

为减小附加电阻的影响，对引线有如下要求。

(1) 电阻率小。插入深度决定了引线的长度，插入越深，则引线越长。因此希望电阻率小，以减小附加电阻的影响，通常引线的直径要比电阻丝的直径大得多。

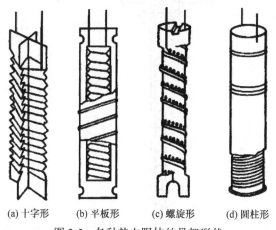

(a) 十字形　　(b) 平板形　　(c) 螺旋形　　(d) 圆柱形

图 2-5　各种热电阻体的骨架形状

(2) 有较小的电阻温度系数。减小由于温度影响而产生的误差。

(3) 化学性能稳定。不发生氧化和产生有害物质，以免影响热电阻的技术性能。

(4) 热电势小。引线在与电阻丝或外接导线连接时，不应由于它们之间材料的不同而产生很大的寄生热电势。

一般标准铂热电阻用 0.3mm 的金线作引出线，工业铂热电阻用直径 1mm 的银线作引出线，低温下用 1mm 的铜线作引出线，铜热电阻用 1mm 的铜线作引出线。工业热电阻的引线一般为三线制，有时为二线制，使用时可接成三线制，以减小测量误差。标准热电阻引线均为四线制，热电阻引线及电阻体结构如图 2-6 所示。

二线制　　　三线制　　　四线制

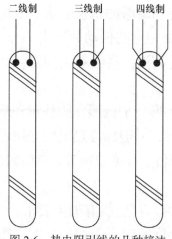

图 2-6　热电阻引线的几种接法

2. 热电阻的类型

热电阻有很多种类型，下面简单介绍四种常见的热电阻。

(1) 普通型热电阻。

根据热电阻的测温原理，被测温度的变化是直接通过热电阻阻值的变化来测量的，因此，热电阻体的引出线等各种导线电阻的变化会给温度测量带来影响，所以热电阻一般采用三线制或者四线制以消除这些影响。

(2) 铠装热电阻。

铠装热电阻是由感温元件(电阻体)、引线、绝缘材料、不锈钢套管组合而成。铠装热电阻的感温元件可以是铂丝，也可以是铜丝。与普通型热电阻相比，它有以下优点。

① 体积小，内部无空气隙，热惯性小，测量滞后小。

② 机械性能好、耐振，抗冲击。

③ 能弯曲，便于安装。

④ 不易被有害介质腐蚀、使用寿命长。

(3) 端面热电阻。

端面热电阻感温元件由特殊处理的电阻丝材绕制，紧贴在温度计端面。它与一般轴向热电阻相比，能更正确和快速地反映被测端面的实际温度，适用于测量轴瓦和其他机件的端面温度。

(4) 隔爆型热电阻。

隔爆型热电阻通过特殊结构的接线盒，把外部及内部环境可能引起爆炸的成分局限在接线盒内，生产现场不会引起爆炸。隔爆型热电阻适用于具有爆炸危险场所的温度测量。

3. 热电阻的使用注意事项

为了减小使用误差，提高测量精度，热电阻在使用时应注意以下问题。

(1) 自热效应引起的误差。

电阻温度计在测量过程中，当电流流过电阻感温元件时，会在电阻体和引线上产生焦耳热，使其温度升高，导致阻值的增加，带来测量误差。

对标准铂电阻温度计，规定工作电流为 1mA，此项误差已修正，可不考虑。

对工业热电阻温度计，为了避免和减小自热效应引起的误差，规定在使用中其工作电流不超过 6~8mA，而在检定中则不超过 1mA。

（2）迟滞带来的影响。

由于热电阻温度计的热容量比较大，故其迟滞时间也比较长。在使用时，要给予温度和被测工质充分的时间进行热交换，待两者完全达到热平衡后，方可进行测量，以免将误差带入测量结果。

（3）寄生热电势的影响。

不同金属的连接点上由于存在温差，将会产生寄生热电势，从而影响测量准确度。因此，制作电桥电阻的材料一般都选用温度系数很小的锰铜或镍铜合金，并且在测量回路中配备热电势补偿器，以抵消寄生热电势的影响。

（4）连接导线温度变化的影响。

由于制作连接导线的材料本身具有电阻温度系数，所以环境温度变化会导致导线电阻产生变化。因此，一般在测量回路中采用三线制接法来消除连接导线电阻变化的影响；如果仍采用二线制的测量方法，则应考虑对外接导线的电阻值予以修正。

（5）热辐射的影响。

热辐射在传播过程中，不仅产生能量的转移，同时还伴随着能量形式之间的转化，对温度计将产生一定的热效应。标准铂电阻温度的保护管为透明石英管，在使用时应注意辐射带来的影响。通常都在套管外面涂上一层石墨，或将石英套管的外壁予以喷砂发毛处理，以减小辐射的影响。另外，在使用热电阻温度计测温时，应将温度计插入足够的深度，这样既可以保证感温元件与周围介质能有良好的热交换条件，同时又可限制保护管管壁的热传导和热辐射。只有在正确使用的情况下才能获得准确的测量值。

2.1.4 热电偶温度计

如图 2-7 所示，热电偶是将温度信号转换成热电动势信号的一种热电式传感器，测温范围为 0～1600℃，是目前科研和生产中应用最普遍、最广泛的温度测量元件。它具有结构简单、制作方便、测量范围宽、准确度高、热惯性小和输出信号便于远传等优点。另外，测量时不需外加电源，使用十分方便，所以常被用作测量炉子、管道内的气体或液体的温度及固体的表面温度。

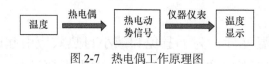

图 2-7　热电偶工作原理图

1. 热电偶测温的基本原理

如图 2-8 所示, 采用两种不同成分的材质导体组成一个闭合回路, 由于热电效应当两端点存在温度差时, 回路中就会有电流通过, 此时两端之间就产生温差电动势(热电动势), 这样的回路叫温差电偶或热电偶。

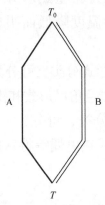

图 2-8　热电偶回路

热电偶中, 直接用作测量介质温度的一端叫工作端(也称为测量端), 另一端叫冷端(也称为补偿端)。冷端与显示仪表或配套仪表连接, 显示仪表会指出热电偶所产生的热电势。

对于热电偶的热电势, 应注意以下三个问题。

(1) 热电偶的热电势是热电偶工作端的两端温度函数的差, 而不是热电偶冷端与工作端两端温度差的函数。

(2) 当热电偶的材料是均匀的时, 热电偶所产生的热电势的大小与热电偶的长度和直径无关, 只与热电偶材料的成分和两端的温差有关。

(3) 当热电偶的两个热电偶丝材料成分确定时, 热电偶热电势的大小, 只与热电偶的温差有关; 若热电偶冷端的温度保持一定, 则热电偶的热电势仅是工作端温度的单值函数。

2. 热电偶的分类

常用热电偶可分为标准热电偶和非标准热电偶两大类。所谓标准热电偶是指国家标准规定了其热电势与温度的关系、允许误差、并有统一的标准分度表的热电偶, 它有与其配套的显示仪表可供选用。非标准化热电偶在使用范围或数量级上均不及标准化热电偶, 一般也没有统一的分度表, 主要用于某些特殊场合的测量。中国自 1988 年 1 月 1 日起,热电偶和热电阻全部按 IEC

国际标准生产，并指定 S、B、E、K、R、J、T 七种标准化热电偶为中国统一设计型热电偶。

目前，被选做热电偶的材料已有许多种，由于不同材料具有不同的特性，一般要求其物理化学性质稳定，电阻温度系数小，机械性能好；所组成的热电偶灵敏度高、复现性好，而且希望热电势与温度之间的函数能呈线性关系，但由于热电偶的灵敏度随温度降低而明显下降，因此用于低温测量存在困难。

热电偶还可以按固定装置形式分类，可分为：螺纹式、无固定装置式、活动法兰式、固定法兰式、活动法兰角尺形式和锥形保护管式六种。

热电偶按装配及结构方式分类，可分为：隔爆式热电偶、铠装热电偶、可拆卸式热电偶和压弹簧固定式热电偶等特殊用途的热电偶。

3. 热电偶的结构

普通工业用热电偶结构如图 2-9 所示。通常由四部分组成：热电偶丝、绝缘套管、保护套管和接线盒。

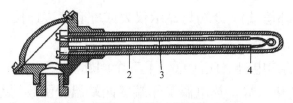

图 2-9 普通工业用热电偶结构示意图
1-接线盒；2-保护套管；3-绝缘套管；4-热电偶丝

1) 热电偶丝

热电偶丝直径大小由电导率、材料的价格、热电偶的用途、机械强度及测温范围等决定。其长度主要由安装条件和插入深度决定。

2) 绝缘套管

热电偶丝之间需要用绝缘套管保护，用来防止电极短路。绝缘管材料根据使用温度的范围决定，通常测量温度在 1000℃以下选用黏土质绝缘套管，在 1000～1300℃选用高铝绝缘套管，在 1300～1600℃选用刚玉绝缘套管。

3) 保护套管

保护套管使热电偶电极不直接与被测介质接触，不仅延长了热电偶的寿命，同时起到支撑、固定并增加热电偶丝强度的作用。保护套管的材料要求能承受温度的剧烈变化、耐腐蚀、有良好的气密性和足够的机械强度、有较高的热导率，目前还没有一种材料能同时满足这些要求。因此，应根据具体工作条件选择套管材料。常见的材料有高温耐热钢、石英、不锈钢、铜、陶瓷、铁等。

4) 接线盒

接线盒用来固定接线座，接线座用于连接热电偶和补偿导线。根据用途不同，接线盒有防溅式、普通式、插座式和防水式等结构形式。

4. 热电偶的选择

在实际测温时，被测对象是很复杂的，应在熟悉被测对象、掌握各种热电偶特性的基础上，根据使用气氛、温度高低正确选择热电偶。

1) 测量精度和温度测量范围的选择

使用温度为 1300~1800℃，要求精度又比较高时，一般选用 B 型热电偶；要求精度不高，气氛又允许用钨铼热电偶；使用温度高于 1800℃时，一般选用钨铼热电偶；使用温度为 1000~1300℃，要求精度又比较高时，可用 S 型热电偶和 N 型热电偶；使用温度为 1000℃以下时，一般用 K 型热电偶和 N 型热电偶；使用温度低于 400℃时，一般用 E 型热电偶；使用温度为 250℃以下及负温测量时，一般用 T 型电偶，在低温时，T 型热电偶稳定而且精度高。

2) 使用气氛的选择

S 型、B 型、K 型热电偶适合在强的氧化和弱的还原气氛中使用，J 型和 T 型热电偶适合在弱氧化和还原气氛中使用，若使用气密性比较好的保护管，对气氛的要求就不太严格。

3) 耐久性及热响应性的选择

对于热容量大的热电偶，线径大的热电偶耐久性好，但响应较慢一些；在温度控制的情况下，测量梯度大的温度时，控温就差一些。若要求响应时间快又要求有一定的耐久性时，选择铠装热电偶比较合适。

4) 测量对象的性质和状态对热电偶的选择

运动物体、振动物体、高压容器的测温要求机械强度高，有化学污染的气氛要求有保护管，有电气干扰的情况下要求绝缘比较高。

2.1.5　光学高温计

接触式测温方法虽然被广泛采用，但不适于测量运动物体的温度和极高的温度，为此提出了非接触式测温方法。

非接触式温度测量仪表分为两类：一类是光学辐射式高温计，包括单色辐射高温计、光电高温计、全辐射高温计和比色高温计等；另一类是红外辐射仪，包括全红外辐射仪、单红外辐射仪、比色仪等。

光学辐射温度计尽管原理和结构复杂，但可以实现感温元件不与被测对象直接接触，所以不会对被测对象的温度场造成破坏，也避免了受到被测介质腐蚀等影响，通常用来测定 1000℃以上的移动、旋转或反应迅速的高温物体的温度或表面温度，由于所测温度受物体发射率、中间介质和测量距离等因素影响，光学辐射温度计不能直接测得被测对象的真实温度，存在一定误差。

1. 单色辐射高温计

由普朗克定律可知，物体在某一波长下的单色辐射强度与温度有单值函数关系，而且单色辐射强度的增长速度比温度的增长速度快得多。根据这一原理制作的高温计叫单色辐射高温计。单色辐射高温计具有较高的准确度，可作为基准或测温标准仪表用。

单色辐射高温计是测量被测物体在某一特定波长 λ(实际上是一个波长段 $\lambda c + d\lambda$)上的单色辐射亮度 $L_{b\lambda}(\lambda c, T)$，并以其光谱发射率 ε_λ 校正后确定被测对象的温度 T。它接受的辐射能量较小，但抗环境干扰的能力较强。典型仪表是各种光学高温计和光电高温计。

由于单色辐射高温计是按黑体作为被测对象测定温度的，而实际被测对象为非黑体，故所测温度不是被测物体的真实温度，而是亮度温度。因为单色辐射高温计只取很窄一段波长的辐射能，所以有些书又称其为单波段或部分辐射温度计。

2. 全辐射高温计

全辐射高温计是以全辐射定律为测量原理的温度计。对于绝对黑体，在温度为 T 时的全辐射定律为

$$E_0 = \sigma T^4 \tag{2-1-7}$$

式中，σ 为常数，其值为 $5.67 \times 10^{-8} \text{W/(m}^2 \cdot \text{K}^4)$。当知道黑体的全辐射强度 E_0 后，就可以知道温度 T。辐射高温计示意图如图 2-10 所示。物体的全辐射能力由物镜聚焦后经光阑使焦点落在热电堆上。热电堆是由四支镍铬-考铜热电偶串联起来的，四支热电偶的热端被夹在十字形的铂箔内，铂箔涂成黑色以

增加其吸收系数。当辐射能被聚焦到铂箔上时热电偶热端感到高温，串联后的热电势输到二次仪表上，仪表指示或记录被测物体的温度。四支热电偶的冷端夹在云母片中，这里的温度比热端低得多。在调节聚焦的过程中，观察者可以在目镜处观察，目镜前加有灰色滤光镜以削弱光的强度保护人眼。整个外壳内壁面涂成黑色以便减少杂光的干扰造成黑体条件。

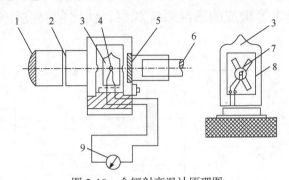

图 2-10　全辐射高温计原理图

1-物镜；2-光阑；3-玻璃泡；4-热电堆；5-灰色滤光镜；6-目镜；7-铂箔；8-云母片；9-二次仪表

分度全辐射高温计时，认为被测物体是绝对黑体，因而利用此高温计来测量实际物体时必将带来误差。为了说明此误差有必要引进辐射温度的概念。当被测物体的真实温度为 T 时，其全辐射能力等于绝对黑体在温度 T_P 时的全辐射能力，也就是 $E_0(T_P) = E(T)$ ，则温度 T_P 就称为被测物体的辐射温度。根据这个定义得到辐射温度和真实温度之间的关系为

$$\begin{cases} E(T) = \varepsilon_T \sigma T^4 \\ E_0(T_P) = \sigma T_P^4 \end{cases} \tag{2-1-8}$$

因为 $E(T) = E_0(T_P)$ ，则

$$T = T_P \left(\frac{1}{\varepsilon_T} \right)^{1/4} \tag{2-1-9}$$

式中， ε_T 是被测物体的全辐射黑度系数，其数值小于 1 。根据式(2-1-9)可以看出 T_P 小于 T 。

3. 比色高温计

根据维恩位移定律，绝对黑体的最大单色辐射强度随着温度的增加，波长向着减小的方向移动，在两个固定波长 λ_1 和 λ_2 下的亮度之比也会随温度变化而发生相应改变，测量这个亮度比的变化就可以得到相应的温度，这便是比色高温计的测温原理。比色高温计组成与一般光学高温计相近，只是增加

到两个以上通道，以测得不同的值。由于采用辐射强度对比的方法，介质吸收的影响较小，因此精度较高，但结构比较复杂。

如图 2-11 所示为比色高温计的工作原理图。波长为 λ_1 和 λ_2 的两束光由调制盘调制后交替地投射到光电检测器(硅光电池)6 上，比值运算器计算出两束光辐射亮度的比值，最后由显示仪表显示出比色温度(图中未画)。测温时，通过目镜 3、反射镜 1 等组成的瞄准系统观察，使比色温度计对准测温物体。

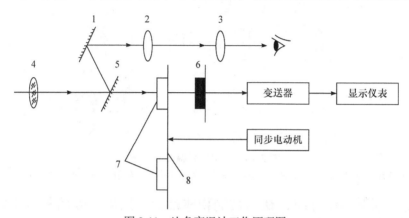

图 2-11　比色高温计工作原理图

1-反射镜；2-倒像镜；3-目镜；4-物镜；5-通孔反射镜；6-硅光电池；7-滤光片；8-光调制转盘

比色温度计按光和信号检测方法可分为单通道式和双通道式，单通道式采用一个光电检测元件(如硅光电池)，光电变换输出的比值较稳定，但动态品质较差；双通道式结构简单，动态特性好，但测量准确度和稳定性较差。

4. 红外辐射仪

由于分子热运动，自然界中一切温度高于绝对零度的物体，每时每刻都向外辐射出包括红外波段在内的电磁波，辐射能量大小与物体表面温度之间的关系符合辐射定律。因此，通过对物体自身辐射的红外能量进行测量，便能准确地测定它的表面温度，这就是红外辐射测温所依据的客观基础。

1) 红外测温仪的工作原理

红外测温仪用来测量物体的表面温度。测温仪内光学元件发射的、反射的以及透过的能量汇聚到探测器上，测温仪的电子元件将此信息转换成温度读数并显示在测温仪的显示面板上。红外测温仪显示的温度常称为目标的亮度温度，与物体真实温度有些差别，因为物体发射率对辐射测温有一定的影响，自然界中存在的实际物体，几乎不是黑体。因此，为使黑体辐射定律适用于所有实际物体，必须引入一个与材料性质及表面状态有关的比例系数，即发射率。该系数表示实际物体的热辐射与黑体辐射的接近程度,其值在 0 到 1 之间。根据辐射定律,只要知道了材料的发射率,就知道了任何物体的红外辐射特性。

2) 红外测温仪系统组成

红外测温仪主要包括光学系统、红外探测器、电子放大器、调制盘及显示器等部分组成,其基本结构如图 2-12 所示。

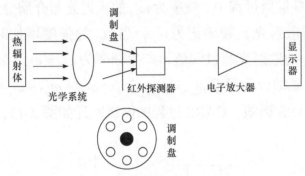

图 2-12　红外测温仪结构简图

光学系统汇集其视场内的目标红外辐射能量,视场的大小由测温仪的光学零件以及位置决定。红外能量聚焦在光电探测仪上并转变为相应的电信号。该信号经过电子放大器和信号处理电路按照仪器内部的算法计算和目标发射率校正后转变为被测目标的温度值。

2.1.6　相干反斯托克斯拉曼散射

温度是燃烧过程最重要的参量,尽管常规的测温技术在许多情况下能解决问题,但探头的介入会破坏和扰动温度场的本来分布,而且探测体系的校正也很困难。对于某些很高的温度,瞬态变化的燃烧体系甚至会显得无能为力,因而运用非接触式的光学诊断技术特别受到人们的重视。

相干反斯托克斯拉曼散射(Coherent Anti-Stokes Raman Scattering,CARS)是一种非线性相干拉曼技术,它作为燃烧诊断的先进工具之一,已有 50 年的历史。其中,CARS 由于具有高的空间、时间分辨率,特别是 CARS 信号具有类激光的特性,它能在入射光及强背景散光中轻松地被分离出来,因此它特别适合于强光亮背景的燃烧过程、等离子体反应等恶劣环境下的研究。

1. 基本原理

光在介质中传播会发生散射。1928 年,印度物理学家拉曼发现,当单色光入射到介质时，散射光中除了包括频率与入射光相同部分(称为瑞利光)，还包括强度比瑞利光弱得多、频率与入射光频率不同的部分(称为拉曼散射光)。拉曼散射光的频率对称分布于瑞利光频率的两侧，频率低的称为斯托克斯线，频率高的称为反斯托克斯线。一般情况下，反斯托克斯线较斯托克斯线弱。拉曼散射线与瑞利散射线之间的频率差与入射光频率无关，而与介质分子的振动、转动能级有关，与入射光强度和介质分子浓度成正比。

在通常的拉曼散射过程中，频率为 ω_{p1} 的入射光与介质分子相互作用，产生一束斯托克斯散射光，频率记为 ω_s，当 ω_{p1} 的强度增加时(由 ω_{p1} 增加到 ω_{p2})，频率为 ω_s 的散射光超过阈值，产生频率为 $\omega_R = \omega_{p1} - \omega_s$ 的受激斯托克斯辐射，与入射光结合为频率 $\omega_{as} = \omega_{p2} + \omega_R = \omega_{p1} + \omega_{p2} - \omega_s$ 相干的反斯托克斯线，这就是 CARS 谱线。CARS 过程的能级跃迁如图 2-13 所示。

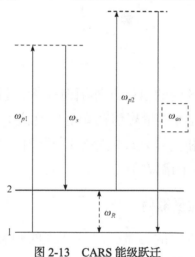

图 2-13　CARS 能级跃迁

2. 温度的测量

在 CARS 技术中，将两束不同频率的大功率激光脉冲(泵浦 Pump 和斯托克斯 Stokes 激光束)在被测介质中聚焦在一起。在这里，通过分子中的非线性过程互相作用产生第三束类似于 CARS 光束的偏振光，其频率为 ω_R。如果 ω_R 正好是分子某一共振谱线，且满足非线性光学中的相位匹配条件，那么 ω_R 频率的光会极大地增强。用这一信号就可以对燃烧组分成分进行鉴定。最后，通过对测验光谱与已知其温度的理论光谱的比较，就可求得温度。通过与已配置的标准浓度的光谱的对比，还可得到气体组分的浓度。

提取温度值的方法有三种。早期人们通过实测谱中某两个可分辨的转动峰强度之比来获得温度的信息，这一种方法没有考虑到各转动线之间的重叠和干涉，而 CARS 是一种非线性相干效应，其谱线间的干涉是显然的，特别是在高温下，基带高转动支与热带支的重叠，导致热带结构的突变；另一种改进的方法是用面积比来替代支线比。近来，经总结而提出的简单方法也引起一定的兴趣。最通用的方法是通过理论模拟谱与实测谱的拟合，将温度作为拟合与否的调节参量，利用计算机数据处理，可将温度、浓度等多种参量作为拟合参量，做到一次获得多个参量的信息，拟合法考虑周详，准确可靠。

通常 CARS 测温选用 N_2 为探针分子，因为一般燃烧体系中都存在 N_2，而且它不参加燃烧反应。但有些特殊的反应体系中没有存在像 N_2 这样简单的双原子分子，则可选用其他分子作为探针分子。

3. 浓度的测量

CARS 功率正比于浓度平方，故浓度的高低反映了 CARS 信号强度的大小。绝对浓度的测量是对微量分子而言的，主要利用非共振项 X_{NR} 的贡献。对于被测的微量分子，其共振信号远比非共振信号贡献要小，则有

$$\left|X\right|^2 = \left|X_{NR} + X_R' + X_R''\right|^2 \cong X_{NR}^2 + 2X_{NR}X_R' \tag{2-1-10}$$

式中，X_R' 和 X_R'' 分别是共振项的实部和虚部。实部为色散型，虚部为洛仑兹型，而非共振项为一平坦的背景。因此按式(2-1-10)得到的 CARS 谱是在一个平坦的背景上叠加一个共振信号，使得 X_{NR} 得到了"调制"。将浓度作为调节参量，通过模拟谱和实测谱的拟合可提取浓度的信息。

图 2-14 给出不同浓度下 CO 的 CARS 计算谱。应该注意的是浓度的测量必须了解非共振项的贡献。部分气体分子的非共振极化率已由实验测定。

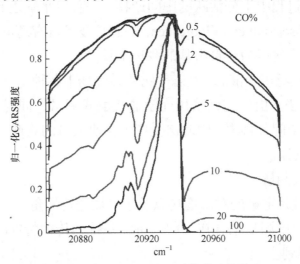

图 2-14　不同浓度下 CO 的 CARS 计算谱(温度均为 1800K)

相对浓度的测量可通过 CARS 信号强度随时间衰减曲线的拟合来实现，并已用于动力学方面的研究。

在同一时间，CARS 通常只能测量一种组分(除了 N_2、CO、CO_2 与 O_2)。为了克服此局限性，可用多色 CARS 技术同时测量多种组分。

4. 存在的不足

CARS 研究在测量结果的可靠性、测量的分辨率等方面还有欠缺，主要表现在：①在不同性质的火焰中，CARS 准确性还缺乏系统地论证；②CARS 在燃烧系统中的测量，基本没有实现时间分辨；③在湍流火焰中，CARS 的空间分辨率需要提高；④CARS 测量与实际燃烧系统的结合还有待加强。最后一条包含两方面含义：一方面，在实际燃烧系统中背景抑制和噪声处理、探针气体的选择或添加、光学系统与发动机测量环境的协调等有待进一步探索；另一方面，CARS 技术应用方案需要突出 CARS 能够研究的主要问题，以更好地服务于工程实践的需要。

总之，研究仍然存在的主要不足可归纳两条：①CARS 测量的准确性研究仍有待深入；②在实际燃烧系统中的应用水平有待提高，主要是提高时空分辨率以及与应用研究目标的结合。

2.1.7 激光诱导荧光与平面激光诱导荧光

燃烧过程中产生的自由基是研究者非常关心的对象，通过对其含量和分布的分析，可以得到火焰结构、燃烧效率、反应机理等诸多方面的信息。由于自由基是燃烧过程中十分活跃的中间产物，一直以来缺乏有效的测量手段。激光诱导荧光(Laser Induced Fluorescence，LIF)技术具有高灵敏度、高时间分辨率的特点，适合发展为对自由基的测量工具。

LIF 是一种广泛用于液态、气态等物质燃烧场中各种组分浓度与温度场分析的重要分析方法。由于它是采用光学非接触式测量，同时又具有很高的灵敏度以及时间与空间分辨率，因此深受广大科研人员的欢迎。LIF 技术主要具有如下的应用特点。

(1) 非接触式测量。

(2) 可以同时且定量的对温度场以及浓度场进行测量。

(3) 可以与速度测量结合在一起，待测系统的传输特性(例如，紊流扩散系统)可以同时得到。

LIF 的产生过程是利用较高能量的激光, 有选择地把测量介质的分子激发到高能态, 然后收集其向低能态跃迁时发出的荧光进行分析的一种测量技术。如果使用片状激光束进行激发, 则可能对燃烧场中的某个断面进行成像, 此时 LIF 又被称为平面激光诱导荧光(Planar Laser-Induced Fluorescence, PLIF)。与发射光谱不同的是, PLIF 可以让被激发对象发出荧光而不管它原来处于什么状态, 而发射光谱则需要测量对象处于一定的状态, 否则其信号可能探测不到。

PLIF 信号也包含温度和浓度两种信息, 只是在燃烧场中不同的时刻或不同的地方, 所采集的 PLIF 光强分别是温度的函数和浓度的弱函数, 通过一定的实验参数的设置, 总是可以求得燃烧场的相对温度或浓度分布。

1. 基本原理

物质分子被激发到受激态后, 会以不同的途径放出能量而回到基态。如果在分子的选择定则允许的条件下, 部分放出的能量表现为光子辐射的形式, 便是荧光。荧光激发的途径包括化学或热力学过程中的量子吸收、电子或分子的碰撞等。由于荧光光谱通常要求被测物质具有与激发光相对应的光谱吸收结构, 并且需要光源有足够的激发能量, 因此荧光光谱的应用在激光出现之前曾受到光源的制约。

LIF 就是以激光作为激发光源的荧光光谱。由于 LIF 可以做到共振激发, 因此具有较高的灵敏度, 对于燃烧流场的自由基等极性基团的测量较有优势。

用 LIF 法测量温度有很多种分析处理方法, 这里仅介绍其中的一种。到达电荷耦合检测器(Charge Coupled Device, CCD)单个像素点的荧光光子数可由下式计算

$$N_p = N f_B B_{J'J''} E G \phi (\Omega/4\pi) \eta l \tag{2-1-11}$$

式中, N 是吸收体的数密度, f_B 是玻尔兹曼分数, $B_{J'J''}$ 是电子—转动—振动能级从 J' 跃迁到 J'' 过程中的爱因斯坦吸收系数, E 是激光脉冲的能量, G 是谱线重叠积分, ϕ 是荧光产率, Ω 是检测器所对应的立体角, η 是检测效率, l 是沿视线方向光谱作用容积的长度, 作用容积定义为流动中其荧光被单个 CCD 检测器像素点所采集的那部分容积, 该容积的长度和宽度由像素点的尺寸所确定, 而深度则与激光屏的厚度有关。

玻尔兹曼分数可表示为

$$f_B = \left[(2J''+1)/Z_t \right] e^{\frac{-F_{J'}}{kT_r}} e^{\frac{-G_{v'}}{kT_v}} \quad (2\text{-}1\text{-}12)$$

式(2-1-12)反映了转动能与振动能对 f_B 所起作用的大小，并区分了转动温度 T_r 与振动温度 T_v。式中，$F_{J''}$ 与 $G_{v''}$ 分别是吸收态能量中同转动与振动有关的部分，Z_t 是总的配分函数。

假设式(2-1-11)中谱线重叠积分 G、荧光产率 ϕ 均与激励能级 J'' 无关，即与温度无关。现采用双谱线技术，即通过激励两个不同的转动能级(分别对应数字 1 和 2)来进行荧光测量，并认为两次测量中示踪组分 NO 分子的数密度 $N(T)$ 保持不变，则可取信号比(SNR)如下

$$\text{SNR} = \frac{N_{p1}}{N_{p2}} = C\left(\frac{E_1}{E_2}\right) \cdot \frac{B_{J'J''1}}{B_{J'J''2}} \cdot \frac{f_{B1}}{f_{B2}} \quad (2\text{-}1\text{-}13)$$

式中，C 为常数，激光脉冲能量 E 虽与 J 无关，但通常随脉冲而变，故保留此项。式(2-1-13)表明，与温度的依从关系主要体现在玻尔兹曼分数中，这也是大多数 LIF 测温法的基础。假设每一跃迁发生在同样的振动带内，则 $G_{v'}$ 为常数，得

$$\frac{N_{p2}}{N_{p1}} = C\frac{E_2 B_2 (2J_2+1)}{E_1 B_1 (2J_1+1)} e^{\frac{(F_{J2}-F_{J1})}{kT_r}} \quad (2\text{-}1\text{-}14)$$

求解 T_r 得

$$T_r = \left[\frac{(F_{J2}-F_{J1})}{k}\right] \Bigg/ \ln\left[C\frac{E_2 B_2 (2J_2+1) N_{p1}}{E_1 B_1 (2J_1+1) N_{p2}} \right] \quad (2\text{-}1\text{-}15)$$

在典型的温度测量中，针对每一转动能级测量荧光信号 N_p 和激光脉冲能量 E，然后应用 $F_{J''}$ 和 $B_{J'J''}$ 的计算值，即可求得转动温度。

PLIF 是二维的 LIF 技术，基于激光良好的方向性，可以通过光学透镜组聚焦将激光制成光片，将测量范围拓展至平面，测量特定截面的火焰结构，不受同一方向上不同截面自发辐射光信号的空间积分效应影响，提高了测量的空间分辨率。激光脉冲时间短，配合数据采集系统纳秒级的曝光时间，可以成像火焰的瞬态结构，具有极高的时间分辨率。激光的单色性可以激发特殊组分的特定能级，具有高度的组分分辨能力，因此能够实现多组分同时测量。激光的可调谐性可以针对不同的 PLIF 测量选用合适的能级，提高测量的精确度。

2. 实验系统

PLIF 实验系统如图 2-15 所示，包括：激光器系统、光学系统、数据采集系统以及时序控制系统。

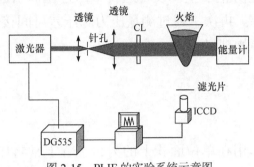

图 2-15　PLIF 的实验系统示意图

激光器系统用来产生可诱导待测中间产物荧光的光源，通常根据待测物选择相应的激光器与波长。激光源采用可调谐 OPO 激光器，激光输出首先经过一个空间滤波/扩束器，用以提高激光光束的质量和改变光斑的大小。

光学系统包括反射镜组和光学透镜组等元件，激光经过一组柱面透镜聚焦后，把激光束横截面压窄，形成激光片。光学透镜组主要由凹柱面镜与凸柱面镜组成，光片的大小由透镜的焦距决定，根据测量的区域大小选用合适的透镜组。激光经过燃烧火焰时，激光光束与燃烧产物相互作用，除产生荧光信号外，还产生拉曼散射、瑞利散射和米散射等散射光，用带通滤波片把其他干扰光滤掉，只保留荧光信号，经光学透镜把荧光成像到像增强器 ICCD 上。

数据采集系统通常使用 ICCD 相机，布置在与片光传播方向垂直的方向。在测量 LIF 信号时，探头前加有色玻璃滤波片，测量的图像数字化后送入计算机处理。

同步系统主要通过数字信号发生器实现燃烧、激光及相机的同步。

2.2　压力和压差测量

同温度一样，压力也是一个重要的测量参数，它表征了热工装置热力过程中工质的基本状态。首先，在工业生产中，很多生产工艺过程常常需要在一定的压力或一定的压力变化范围内进行，如除氧器、锅炉、加热器以及管道的承压情况等。此外，通过监测汽轮机、水泵、风机等润滑系统的油压，保障了设备的正常运行与润滑。通过测量各流道压差可以了解其阻力及泄漏情况，起到保障设备安全运转的作用。因此，正确地测量和控制压力是保证生产过程良好地运行，达到优质高产、低消耗的重要环节。其次，通过压力测量或控制，有效地防止了生产设备运转中因过压而引起破坏或爆炸，这是安全生产的必要条件。再次，通过测量压力和压差可间接测量如温度、液位、流量、密度与成分等物理量。

2.2.1　压力测量概述

1. 压力的定义

压力是垂直地作用在单位面积上的力，工程上常将压强称为压力，压力差称为压差。压力的表达式为

$$P = \frac{F}{A} \tag{2-2-1}$$

式中，P 是压力(Pa)，F 是垂直作用力(N)，A 是受力面积(m^2)。

2. 压力的单位

压力在国际单位制中的单位为帕斯卡，简称帕(Pa)。把 1N 力垂直且均匀地作用在 $1m^2$ 的面积上时，所产生的压力称为 1Pa。其他在工程上使用的压力单位有工程大气压、标准大气压、巴、毫米汞柱高和毫米水柱高等，各压力单位之间的换算见表 2-1。

表 2-1　压力单位换算表

单位	千克力/厘米 ²/ (kgf/cm²)	兆帕[斯卡]/ MPa	巴/bar	标准大气压/ atm	毫米水柱/ mmH₂O	毫米汞柱/ mmHg	磅/英寸 ²/ (lb/in²)
千克力/厘米 ²/ (kgf/cm²)	1	0.0981	0.981	0.9678	10^4	735.6	14.22
兆帕[斯卡]/ MPa	10.2	1	10	9.869	1.02×10^5	7.50×10^3	1.45×10^2
巴/bar	1.02	0.1	1	0.9869	10.2×10^3	750	14.50
标准大气压/atm	1.0332	0.1013	1.0133	1	1.0332×10^4	760	14.696
毫米水柱/ mmH₂O	10^{-4}	9.81×10^{-6}	98.1×10^{-6}	0.9678×10^{-4}	1	73.56×10^{-3}	1.422×10^{-3}
毫米汞柱/ mmHg	1.36×10^{-3}	1.333×10^{-4}	1.333×10^{-3}	1.316×10^{-3}	13.6	1	19.34×10^{-3}
磅/英寸 ²/ (lb/in²)	70.3×10^{-3}	6.89×10^{-3}	6.89×10^{-3}	68.05×10^{-3}	703	51.72	1

3. 压力的表示方法

根据参考点的不同, 工程压力的表示方式有 3 种, 绝对压力 p_a、表压 p、真空度或负压 p_v。各种压力之间的关系如图 2-16 所示。

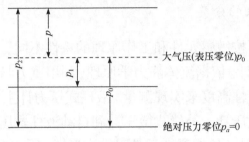

图 2-16　各种压力之间的关系

(1) 绝对压力以绝对压力零位为基准, 绝对压力 p_a 是指被测介质作用于物体表面上的全部压力, 用绝对压力表来测量绝对压力值。

(2) 表压以大气压为基准, 它等于绝对压力 p_a 与当地大气压 p_0 之差, 用一般压力表测表压 p, 即

$$p = p_a - p_0 \tag{2-2-2}$$

式中, 大气压 p_0 是地球表面空气柱形成的压力, 它随地理纬度、海拔高度及气象条件而变化。它可以用专门的大气压力表(简称气压表)测得, 由于大气压 p_0 的数值也是以绝对压力零位为基准而得到的, 因此也是绝对压力。

(3) 接近真空的程度称为真空度, 用 p_v 表示。当绝对压力小于大气压力时, 表压力为负值, 其绝对值称为真空度, 表达式为

$$p_v = p_0 - p_a \tag{2-2-3}$$

(4) 任意两个压力的差值称为差压, 用 Δp 表示, 以其中一个压力为参考点, 即 $\Delta p = p_1 - p_2$。在各种热工量、机械量测量中, 差压用得很多。用差压计测量任意两个压力的差压。在差压计中一般规定压力高的一侧为正压, 压力低的一侧为负压, 负压是相对正压而言的。

通常各种工艺设备和检测仪表处于大气之中, 本身就承受着大气压力, 所以工程上采用表压力或真空度来表示压力的大小。同样, 一般的压力检测仪表所指示的压力也是表压力或真空度。因此, 若无特殊说明, 所提压力均指表压。

此外, 按压力随时间的变化关系, 工程上将压力分为静(态)压力和动(态)压力。因为绝对不变的压力是不存在的, 所以规定每 1min 压力随时间变化不

大于压力表分度值 5%时称为静压力。动压力有变动压力和脉动压力两种，每
1min 压力随时间的变动量大于压力表分度值 5%时称为变动压力。当压力随时
间的变化呈现作周期性变动时，称之为脉动压力。

4. 压力测量仪表的分类

压力测量仪表，按敏感元件和工作原理的特性不同，一般分为四类。

(1) 液柱式压力计。依据流体静力学原理，利用重力与被测压力平衡关系，
将被测压力转换成液柱高度来实现测量。液柱式压力计主要有 U 型管压力计、
单管压力计、斜管微压计、补偿式微压计和自动液柱式压力计等类型。

(2) 弹性式压力计。依据弹性元件受力变形原理，利用弹性力与被测压力
平衡关系，将被测压力转换成位移来实现测量。弹性式压力计常用的弹性元
件有弹簧管、膜片和波纹管等。

(3) 负荷式压力计。基于流体静力学平衡原理和帕斯卡定律进行压力测
量。典型仪表主要有活塞式、浮球式和钟罩式三大类。它普遍被用作标准仪
器对压力检测仪表进行标定。

(4) 电气式压力计。利用敏感元件将被测压力转换成各种电量，如电阻、
电感、电容、电位差等。电气式压力计具有较好的动态响应、量程范围大、
线性好、便于进行压力的自动控制。

各种测压仪表分类及性能特点见表 2-2。

表 2-2　压力测量仪表分类及其特点

类别	压力表型式	测压范围/kPa	准确度等级	输出信号	性能特点
液柱式压力计	U 型管	$-10\sim10$	0.2, 0.5	液柱高度	实验室低、微压和负压测量
	补偿式	$-2.5\sim2.5$	0.02, 0.1	旋转刻度	用作微压基准仪器
	自动液柱式	$-10^2\sim10^2$	0.005, 0.01	自动计数	用光、电信号自动跟踪液面，用作压力基准仪器
弹性式压力计	弹簧管	$-10^2\sim10^6$	$0.1\sim4.0$	位移、转角或力	直接安装，就地测量或校验
	膜片	$-10^2\sim10^3$	1.5, 2.5		用于腐蚀性、高黏度介质测量
	膜盒	$-10^2\sim10^2$	$1.0\sim2.5$		用于微压的测量与控制
	波纹管	$0\sim10^2$	1.5, 2.5		用于生产过程低压的测控
负荷式压力计	活塞式	$0\sim10^5$	$0.01\sim0.1$	砝码负荷	结构简单、坚实、准确度极高，广泛用作压力基准器
	浮球式	$0\sim10^4$	0.02, 0.05		

类别	压力表型式	测压范围/kPa	准确度等级	输出信号	性能特点
电气式压力计 (压力传感器)	电阻式	$-10^2 \sim 10^4$	1.0, 1.5	电压、电流	结构简单、灵敏度高、测量范围广、频率响应快，但受环境温度影响大
	电感式	$0 \sim 10^5$	$0.2 \sim 1.5$	毫伏、毫安	环境要求高，信号处理灵活
	电容式	$0 \sim 10^4$	$0.05 \sim 0.5$	伏、毫安	动态响应快，灵敏度高、易受干扰
	压电式	$0 \sim 10^4$	$0.1 \sim 1.0$	伏	响应速度快，多用于测量脉动压力
	振频式	$0 \sim 10^4$	$0.05 \sim 0.5$	频率	性能稳定、准确度高
	霍尔式	$0 \sim 10^4$	$0.5 \sim 1.5$	毫伏	灵敏度高，易受外界干扰

2.2.2　液柱式压力计

液柱式压力计是利用液柱对液柱底面产生的静压力与被测压力相平衡的原理，通过液柱高度来反映被测压力大小的仪表。它们通常采用水银、酒精、水作为工作液，且要求工作液不能与被测介质起化学反应，并应保证分界面具有清晰的分界线，用 U 型管、单管等进行测量。

液柱式压力计具有结构简单、使用方便、有相当高的准确度等优点，可作为校验低压和微压仪表的标准仪表。但使用条件受限制，如其量程受液柱高度限制、体积大、玻璃管易损坏、只能就地指示、不能进行远距离传输。

1. U 型管压力计

图 2-17 是用 U 型管测量压力的原理图。其两个管口的压力分别为 p_1 和 p_2。当 $p_1 = p_2$ 时，左右两管中的液体高度相同；当 $p_1 > p_2$ 时，U 型管左右两管内的液面不一样高，于是便会产生高度差，如图 2-18 所示。根据流体静力学原理有

$$\Delta p = p_1 - p_2 = g(\rho_2 - \rho_1)(H - h_2) + g(\rho - \rho_1)(h_1 + h_2) \qquad (2\text{-}2\text{-}4)$$

式中，ρ_1、ρ_2、ρ 分别是两肘管内传压介质的密度及封液密度(kg/m³)，H 是压力计接口至标尺刻度零点处的距离(m)，g 是 U 型管压力计所在地的重力加速度(m/s²)。

若 $\rho_1 = \rho_2$，则

$$\Delta p = g(\rho - \rho_1)(h_1 + h_2) \qquad (2\text{-}2\text{-}5)$$

另外，当 $\rho_1 = \rho_2 \ll \rho$ 时，式(2-2-5)可简化为

$$\Delta p = g\rho(h_1 + h_2) \tag{2-2-6}$$

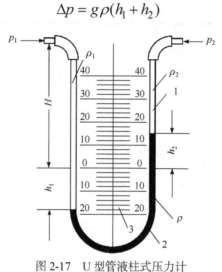

图 2-17 U 型管液柱式压力计

1-U 型玻璃管；2-封液；3-刻度尺

式(2-2-5)及式(2-2-6)在应用时应注意简化条件，当 ρ_1、ρ_2 为气体介质密度时，式(2-2-6)即有足够的准确性。

如果将 p_2 管通大气压，即 $p_2 = p_0$，则所测为表压。由此可见：①U 型管压力计不仅可以检测某个表压，而且可以检测两个被测压力之间的差值(差压)；②若要扩大仪表量程，则需提高 U 型管内工作液的密度 ρ，但测量灵敏度会降低，即在相同压力的作用下，高度差 h 值会变小。

2. 单管压力计

单管压力计实质上仍是 U 型管压力计，只不过两个管子的直径相差很大，可将 U 型管压力计的两边读数改为一边读数，减小读数误差，其原理如图 2-18 所示。

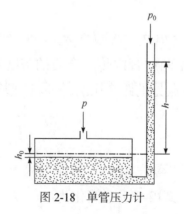

图 2-18 单管压力计

在两边压力作用下，一边液面下降，另一边液面上升，下降液体的体积应等于上升液体的体积。即有

$$A_0 h_0 = Ah \qquad (2\text{-}2\text{-}7)$$

式中，A_0、A 分别是左、右两边管的截面积(m^2)，h_0 是左边管中液面下降高度(m)，h 是右边管中液面上升高度(m)。

根据流体静力学原理有

$$p = p_0 + \rho gh \left(1 + \frac{A}{A_0}\right) \qquad (2\text{-}2\text{-}8)$$

一般 $A_0 \gg A$，式(2-2-8)可简化为

$$p = p_0 + \rho gh \qquad (2\text{-}2\text{-}9)$$

即只需读 h 就可以确定被测压力，其引起的测量误差通常小于 1%。

3. 斜管微压计

若用 U 型管或单管压力计测量的压力很微小时，其液柱高度的变化非常小，因此在读数的时候比较困难，如图 2-18 所示。为了提高测量灵敏度，减小因读数不准而产生的误差，通过把单管压力计的玻璃管做成斜管来达到拉长液柱的目的进行读数，如图 2-19 所示。

斜管压力计主要测量微小压力、负压和压力差，其公式为

$$p = p_0 + \rho g L \sin\alpha \left(1 + \frac{A}{A_0}\right) \qquad (2\text{-}2\text{-}10)$$

式中，L 是斜管内液柱的长度(m)，α 是斜管的倾斜角度。

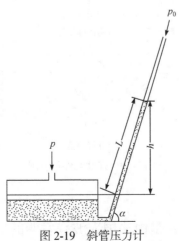

图 2-19 斜管压力计

因为 $L>h$，所以斜管压力计与单管压力计相比较有更高的灵敏度，可以提高测量准确度。可知，当 α 的角度越小时，斜管压力计的灵敏度越高，但 α 的角度不能太小，否则会造成读数困难，进而增加了读数误差。实验室要求的倾斜角度一般为 $\alpha \geqslant 15°$。

2.2.3　弹性压力计

弹性压力计是通过利用各种形式的弹性元件的变形与被测介质压力之间的关系制成，是种压力计。在工业及实验室中应用十分广泛，具有如下特点。

(1) 结构简单、耐用、价格便宜。

(2) 准确度较高、测量范围广。

(3) 携带方便、安装简单，能与不同的变换元件做成各种压力计。

(4) 可安装于不同设备上或在露天作业场景中使用，制成特殊形式的压力表时还能在高温、低温、振动、冲击、腐蚀、黏稠、易堵和易爆等环境中工作。

(5) 低响应频率，不可测量动态压力。

弹性元件为弹性压力计的测压敏感元件。在相同压力下，结构、材料不同的弹性元件能产生不同的弹性变形，其适用的测压范围也不尽相同。工业上常用的弹性压力计所使用的弹性元件有膜片、波纹管和弹簧管三种，其结构示意图如图 2-20 所示。

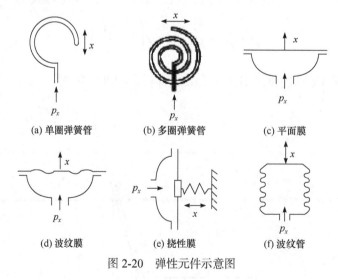

图 2-20　弹性元件示意图

1. 弹簧管

弹簧管又称为波登管，是由法国人波登发明的。它是一根具有椭圆形(或扁圆形)截面的、弯成270°圆弧的空心金属管子，如图2-21所示。管子的自由端 B 封闭，管子的另一端 A 开口且固定在接头上，空心筒的扁形截面长轴 $2a$ 与图面垂直的弹簧管几何中心轴 O-O 平行，测量范围最高可达 10^9Pa，所以在工业上应用比较普遍。弹簧管可分为单圈和多圈，多圈弹簧管自由端的位移量较大，因此比单圈弹簧管测量灵敏度高。

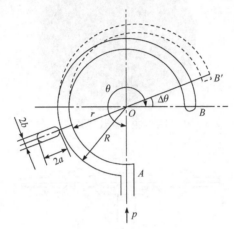

图 2-21　单圈弹簧管结构

当被测介质从开口端进入并充满弹簧管的整个内腔时，在被测压力 p 的作用下，椭圆截面将趋向圆形，此时长半轴 a 逐渐减小，短半轴 b 逐渐增加。由于弹簧管的长度是一定的，被测压力使弹簧管产生向外挺直的扩张变形，改变了弹簧管的中心角，使其自由 B 端产生位移到 B'，如图2-21中的虚线所示。若输入压力为负压时，a 点的位移方向与 BB' 完全相反。

2. 膜片与膜盒

膜片一般用中心的位移和被测压力的关系来表征，在外力作用下通过膜片的变形位移测取压力的大小。它是由金属或非金属材料制成、固定外缘、受到压力后中心可移动的、具有一定型面的薄片状测压弹性元件。

依据型面形状的不同，膜片可分为平面膜片、波纹膜片和挠性膜片三种。平面膜片的型面平坦无波纹，能够承受较大的被测压力，但其变形量较小，因此灵敏度较低，一般在测量较大的压力且要求变形不很大时使用；波纹膜片的型面具有同心环形波纹，其波纹的数目、尺寸、形状和分布均与压力测量范围有关。其测压灵敏度较高，常用在小量程的压力测量中(图2-22)。

通过把两块金属膜片沿周边对焊起来，形成一薄膜盒子，称为膜盒，可提高灵敏度，得到较大位移量(图2-23)。挠性膜片一般不单独作为弹性元件使用，而是与线性较好的弹簧相连，起压力隔离作用，主要是在较低压力测量时使用。膜片可直接带动传动机构就地显示，但是由于膜片的位移较小，灵敏度低，更多的是与压力变送器配合使用。

图 2-22　波纹膜片

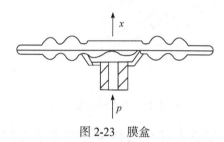

图 2-23　膜盒

3. 波纹管

波纹管是一种具有等间距同轴环状波纹，形状类似于手风琴的褶皱风箱，金属薄管制成的能沿轴向伸缩的测压弹性元件。当波纹管受到外力时，其膜面产生的机械位移量主要是靠波纹柱面的舒展或压屈来带动膜面中心作用点的移动，而不是膜面的弯曲形变。波纹管有单波纹管和双波纹管之分，其位移 x 与作用力 F 的关系为

$$x = \frac{1-\mu^2}{Eh_0} \frac{nF}{A_0 - \alpha A_1 + \alpha^2 A_2 + B_0 h_0^2 / R_B^2} \tag{2-2-11}$$

式中，h_0 是非波纹部分的壁厚(m)，n 是完全工作的波纹数，μ 是金属材料的泊松比，E 是金属材料的弹性模量(Pa)，α 是波纹平面部分的倾斜角，R_B 是波纹管的内径(m)，A_0，A_1，A_2 和 B_0 分别是与金属材料有关的系数。

由于波纹管的位移相对较大，因此可直接带动传动机构就地显示。具有灵敏度高的优点，可测量较低的压力或压差。但波纹管迟滞误差较大，准确度最高仅为 1.5 级。

2.2.4   负荷式压力计

负荷式压力计具有结构简单、稳定可靠、准确度高、重复性好等优点，可测正、负及绝对压力，其应用范围广泛。它既是检验、标定压力表和压力传感器的标准仪器之一，又是一种标准压力发生器，在压力基准的传递系统中占有重要地位。

1. 活塞式压力计

活塞式压力计是根据流体静力学平衡原理和帕斯卡定律，利用压力作用在活塞上的力与砝码的重力相平衡的原理设计而成的。由于在平衡被测压力的负荷时，采用标准砝码产生的重力，因此又被称为静重活塞式压力计。其结构如图 2-24 所示，主要由压力发生部分和测量部分组成。

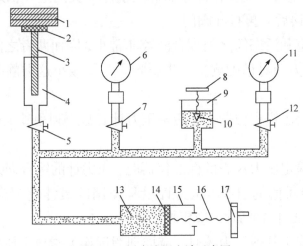

图 2-24   活塞式压力计示意图

1-砝码；2-砝码托盘；3-测量活塞；4-活塞筒；5、7、12-切断阀；6-标准压力表；8-进油阀手轮；9-油杯；
10-进油阀；11-被校压力表；13-工作液；14-工作活塞；15-手摇泵；16-丝杆；17-加压手轮

1) 压力发生部分

压力发生部分主要指手摇泵，通过加压手轮旋转丝杆，推动工作活塞(手摇泵活塞)挤压工作液(一般采用洁净的变压器油或蓖麻油等)，将待测压力经工作液传给测量活塞。

2) 测量部分

活塞插入活塞筒内，测量活塞上端的砝码托盘上放有荷重砝码，下端承受手摇泵挤压工作液所产生的压力 p。当作用在活塞下端的油压与活塞上端的托盘及砝码的质量所产生的压力相平衡时，活塞就被托起并稳定在一定位置

上，这时压力表的示值为

$$p = \frac{(m_1 + m_2 + m_3)g}{A} \tag{2-2-12}$$

式中，p 是被测压力(Pa)，m_1、m_2 和 m_3 分别是活塞、托盘和砝码的质量(kg)，A 是活塞承受压力的有效面积(m^2)，g 是活塞式压力计使用地点的重力加速度(m/s^2)。

活塞式压力计使用注意事项如下。

(1) 使用前应检查各油路是否畅通，密封处是否紧固，避免存在堵塞或漏油现象。

(2) 活塞全长的 2/3～3/4 进入活塞筒中。

(3) 活塞压力计的编号与专用砝码编号保持一致、防止多台压力计的专用砝码互换。为避免活塞突变，加减砝码之前应先关闭通往活塞的阀门，当确认所加减砝码无误后，再打开阀门。

(4) 由于活塞和活塞筒之间配合间隙非常小，因而两者之间沿轴向黏滞的油液所产生的剪力会对精确测量产生影响。为了减小这类静摩擦，测量时可轻轻地转动活塞。

(5) 活塞应处于铅直位置，即活塞压力计底盘应利用其上的水泡，将其调成水平。

(6) 当用作检定压力仪表的标准仪器时，压力计的综合误差应不大于被检仪表基本误差绝对值的 1/3。压力计量程使用的最佳范围应为测量上限的 10%～100%，当低于 10%时，应更换压力计。

(7) 校验或检定其他压力表时，应详细阅读相关指导手册的操作步骤；而校验真空表的操作步骤略有不同，因此应多加注意。

2. 浮球式压力计

浮球式压力计的介质为压缩空气，所以克服了活塞式压力计中因油的表面张力、黏度等产生的摩擦力，也没有漏油问题，相对于禁油类压力计和传感器的标定更为方便。

浮球式压力计通常由浮球、喷嘴组件、砝码支架、砝码(组)、流量调节器、气体过滤器、阀门等组成，其结构如图 2-25 所示。其工作原理为：压缩空气经气体过滤器减压，再经流量调节器调节，以达到所需流量(由流量计读出)后，进入内腔为锥形的喷嘴，并喷向浮球，气体向上的压力使浮球在喷嘴内飘浮起来。浮球上挂有砝码(组)和砝码架，当浮球所受的向下的重力和向上的浮力相平衡时，就输出一个稳定而准确的压力 p，其关系可表示为

$$p = \frac{(m_1 + m_2 + m_3)g}{A} \tag{2-2-13}$$

式中，m_1、m_2、m_3 分别是浮球、砝码和砝码架的质量(kg)，A 是浮球的最大截面积(m^2)，$A = \frac{\pi d^2}{4}$，d 为浮球的最大直径(m)。

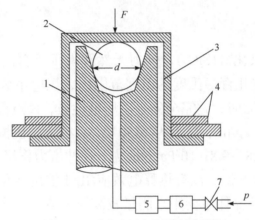

图 2-25　浮球式压力计结构原理图

1-喷嘴组件；2-浮球；3-砝码支架；4-砝码(组)；5-流量调节器；6-气体过滤器；7-阀门

2.2.5　电气式压力检测仪表

电气式压力检测仪表利用压力敏感元件(简称压敏元件)将被测压力转换成电阻、频率、电荷量等来实现测量。此方法具有较好的静态和动态性能，具有测量量程范围大、线性好、便于进行压力的自动控制等优点，特别适合用于压力变化快和高真空、超高压的测量。电气式压力检测仪表主要分为压电式压力计、电阻应变式压力计、振弦式压力计等。

1. 压电式压力计

压电式压力计的原理是基于某些电介质的压电效应制成的，主要用于测量内燃机汽缸、进排气管的压力，航空领域的高超声速风洞中的冲击波压力，枪、炮膛中击发瞬间的膛压变化和炮口冲击波压力以及瞬间压力峰值等。

1) 压电效应

压电效应是指某些晶体在受压时发生机械变形(压缩或伸长)，进而在其两个相对表面上产生电荷分离，一个表面带正电荷，另一个表面带负电荷，并

分别输出电压，当作用在其上的外力消失时，形变也随之消失，其表面的电荷也随之消失，它们又重新回到不带电的状态。

2) 压电元件

具有压电效应的物体称为压电材料或压电元件，它是压电式压力计的核心部件。目前，在压电式压力计中常用的压电材料有石英晶体、铌酸锂等单压电晶体，经极化处理后的多晶体，如钛酸钡、锆钛酸铅等压电陶瓷以及压电半导体等，它们各自有着自己的特点。

3) 压电晶体

(1) 石英晶体。

石英晶体即二氧化硅(SiO_2)，分为天然和人工培育两种。它的压电系数 $k_x=2.3\times10^{-12}$C/N，在几百摄氏度的温度范围内，压电系数几乎不随温度的改变而改变。到达 575℃时，它完全失去了压电性质，该点称为它的居里点。石英的密度为 2.65×10^3kg/m^3，熔点为 1750℃，有很大的机械强度和稳定的机械性质，可承受高达$(6.8\sim9.8)\times10^7$Pa 的应力，在冲击力作用下漂移较小。此外，石英晶体还具有灵敏度低、没有热释电效应(由于温度变化导致电荷释放的效应)等特性，因此石英晶体主要用来测量较高压力或用于准确度、稳定性要求高的场合和制作标准传感器。

(2) 水溶性压电晶体。

最早发现的是酒石酸钾钠($NaKC_4H_4O_6 \cdot 4H_2O$)，它有很大的压电灵敏度和很高的介电常数，压电系数 $k_x=3\times10^{-9}$C/N，但是酒石酸钾钠易于受潮，其机械强度和电阻率低，因此只限于在室温(小于 45℃)和湿度低的环境下应用。自从酒石酸钾钠被发现以后，目前已培育一系列人工水溶性压电晶体，并且应用于实际生产中。

(3) 铌酸锂晶体。

1965 年，通过人工提拉法制成了铌酸锂($LiNbO_3$)的大晶块。铌酸锂压电晶体和石英相似，也是一种单晶体，它的色泽为无色或浅黄色。由于它是单晶，因此时间稳定性远比多晶体的压电陶瓷好。它是一种压电性能良好的电声换能材料，其居里温度为 1200℃左右，远比石英和压电陶瓷高，因此在耐高温的压力计上有广泛的应用前景。在力学性能方面其各向异性很明显，与石英晶体相比很脆弱，而且热冲击性很差，所以在加工装配和使用中必须小心谨慎，避免用力过猛和急热急冷。

4) 压电陶瓷

压电陶瓷是人工制备的压电材料，它需外加电场进行极化处理。经极化后的压电陶瓷具有高的压电系数，但力学性能和稳定性不如单压电晶体。其种类很多，目前在压力计中应用较多的是钛酸钡和钛酸铅。尤其是锆钛酸铅的应用更为广泛。

(1) 钛酸钡压电陶瓷。

钛酸钡($BaTiO_3$)的压电系数为 $k_x = 1.07 \times 10^{-10}$C/N，介电常数较高为 $1000 \sim 5000$，但它的居里点较低，约为 120℃，此外强度也不及石英晶体。由于它的压电系数高(约为石英的 50 倍)，因此在压力计中得到了广泛使用。

(2) 锆钛酸铅压电陶瓷。

锆钛酸铅(Pb(Zr，Ti)O_3)的压电系数高达 $k_x = (2.0 \sim 5.0) \times 10^{-10}$C/N，具有居里点(300℃)较高和各项机电参数随温度、时间等外界条件变化较小等优点，是目前经常采用的一种压电材料。

(3) 压电半导体。

近年来出现了多种压电半导体如碲化镉(CdTe)、硫化锌(ZnS)、硫化镉(CdS)、氧化锌(ZnO)、碲化锌(ZnTe)和砷化稼(CaAs)等。这些材料既具有压电特性，又具有半导体特性，有利于将元件和线路集成于一体，从而研制出新型的集成压电传感器测试系统。

在片状压电材料的两个电极面上，如果加以交流电压，那么压电元件就能产生机械振动，使压电材料在电极方向上有伸缩现象，压电元件的这种现象称为电致伸缩效应。因为这种效应与压电效应相反，也称为逆压电效应。

5) 压电式压力传感器结构

图 2-26 是一种压电式压力传感器的结构示意图。压电元件被夹在两块性能相同的弹性元件(膜片)之间，膜片的作用是把压力收集转换成集中力 F，再传递给压电元件。压电元件的一个侧面与膜片接触并接地，另一侧面通过引线将电荷量引出，弹簧的作用是使压电元件产生一个预紧力，可用来调整传感器的灵敏度。当被测压力均匀作用在膜片上，压电元件就在其表面产生电荷。电荷量一般用电荷放大器或电压放大器放大，转换为电压或电流输出，其大小与输入压力成正比关系。

除在校准用的标准压力传感器或高准确度压力传感器中采用石英晶体做压电元件外，一般压电式压力传感器的压电元件材料多为压电陶瓷，也有用半导体材料的。

更换压电元件可以改变压力的测量范围。在配用电荷放大器时，可以采用多个压电元件并联的方式提高传感器的灵敏度。

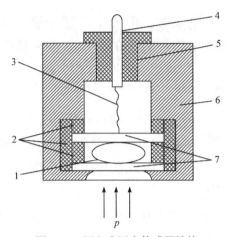

图 2-26　压电式压力传感器结构
1-压电元件；2、5-绝缘体；3-弹簧；4-引线；6-壳体；7-膜片

6) 特点

(1) 重量轻、体积小、工作可靠、结构简单，工作温度可在 250℃以上。

(2) 灵敏度高，线性度好，测量准确度多为 0.5 级和 1.0 级。

(3) 测量范围宽，可测 100MPa 以下的所有压力。

(4) 动态响应频带宽，可达 30kHz，动态误差小，是动态压力检测中常用的仪表。

(5) 由压电晶体制成的压力计只能用于测量脉冲压力。

(6) 无电源带来的噪声影响。

(7) 压电元件本身的内阻非常高，因此要求二次仪表的输入阻抗也要很高，且连接时需用低电容、低噪声的电缆。

(8) 由于在晶体边界上存在漏电现象，因此这类压力计不适宜测量缓慢变化的压力和静态压力。

2. 电阻应变式压力计

当被测的动态压力作用在弹性敏感元件上时，弹性敏感元件会变形，在其变形的部位粘贴的电阻应变片能够感受动态压力的变化，依据该原理设计的传感器称为电阻应变式压力传感器。

1) 工作原理

电阻应变式传感器所粘贴的金属电阻应变片主要有丝式应变片与箔式应变片两种。箔式应变片是以厚度为 0.002～0.008mm 的金属箔片作为敏感栅材料，箔栅宽度为 0.003～0.008mm。丝式应变片是由一根具有高电阻系数的电阻丝(直径 0.015～0.05mm)，平行地排成栅形(一般 2～40 条)，紧贴在薄纸片上，电阻纸两端焊有引出线，表面覆一层薄纸，即制成了纸基的电阻丝式应变片。测量时，用特制的胶水将金属电阻应变片粘贴于待测的弹性敏感元件表面上，弹性敏感元件随着动态压力而产生变形时，电阻片也跟随变形。

材料的电阻变化率由式(2-2-14)决定：

$$\frac{\mathrm{d}R}{R} = \frac{\mathrm{d}\rho}{\rho} + \frac{\mathrm{d}A}{A} \tag{2-2-14}$$

式中，R 是材料电阻，ρ 是材料电阻率。

由材料力学知识得

$$\frac{\mathrm{d}R}{R} = \left[(1+2\mu) + C(1-2\mu)\right]\varepsilon = K\varepsilon \tag{2-2-15}$$

式中，K 是金属电阻应变片的敏感度系数，K 对于确定的金属材料在一定的范围内为一常数，将微分 $\mathrm{d}R$、$\mathrm{d}L$ 改写成增量 ΔR、ΔL，可得

$$\frac{\Delta R}{R} = K\frac{\Delta L}{L} = K\varepsilon \tag{2-2-16}$$

由式(2-2-16)可知，当弹性敏感元件受到动态压力作用后随之产生相应的变形 ε，而应变值可由丝式应变片或箔式应变片测出，从而得到了 ΔR 的变化，也就得到了动态压力的变化，基于这种应变效应的原理实现了动态压力的测量。

2) 传感器的分类及特点

常用的电阻应变式压力传感器包括：①测低压用的膜片式应变压力传感器；②测中压用的膜片-应变筒式压力传感器；③测高压用的应变筒式压力传感器。

(1) 膜片式应变压力传感器的特点。

膜片式应变压力传感器不宜测量较大的压力，当变形大时，非线性较大。但测量小压力时，由于变形很小，非线性误差可小于 0.5%，同时又有较高的灵敏度，因此在冲击波的测量中，国内外都用过这种膜片式压力传感器。该传感器自振频率较低，因此在低压高频测量中，应严防冲击压力频率接近于膜片自振频率，否则会带来严重的波形与压力值的失真与偏低。

(2) 膜片-应变筒式压力传感器的特点。

膜片-应变筒式压力传感器具有较高的强度和抗冲击稳定性、优良的静态特性、动态特性和较高的自振频率(可达 30kHz 以上)的特点；由于测量的上限压力可达到 9.6MPa，因此适于测量高频脉动压力。若加上强制水冷却，也适用于高温下的动态压力测量，如测量火箭发动机、内燃机、压气机等热工装

置的压力。

3. 压阻式压力计

利用具有压阻效应的半导体材料可以做成粘贴式的半导体应变片进行压力检测。随着半导体集成电路制造工艺的不断发展，人们利用半导体制造工艺的扩散技术，将敏感元件和应变材料合二为一制成扩散型压阻式传感器。由于这类传感器的应变电阻和基底都是用半导体硅制成，因此又称为扩散硅压阻式传感器。它既有测量功能，又有弹性元件作用，形成了高自振频率的压力传感器。在半导体基片上还可以很方便地将一些温度补偿、信号处理和放大电路等集成制造在一起构成集成传感器或变送器。所以，扩散硅压阻式传感器一出现就受到人们普遍重视，发展很快。

1) 压阻效应

当力作用于硅晶体时，晶体的晶格产生变形，使载流子从一个能谷向另一个能谷散射，引起载流子的迁移率发生变化，扰动了载流子纵向和横向的平均量，从而使硅的电阻率发生变化。这种变化随晶体的取向不同而异，因此硅的压阻效应与晶体的取向有关。硅的压阻效应不同于金属应变计(见电阻式压力计)，前者电阻随压力的变化主要取决于电阻率的变化，后者电阻的变化则主要取决于几何尺寸的变化(应变)，而且前者的灵敏度比后者大 50～100 倍。

2) 工作原理

压阻式传感器是根据半导体材料的压阻效应在半导体材料的基片上经扩散电阻而制成的器件。其基片可直接作为测量传感元件，扩散电阻在基片内接成电桥形式。当基片受到外力作用而产生形变时，各电阻值将发生变化，电桥就会产生相应的不平衡输出。用作压阻式传感器的基片(或称膜片)材料主要为硅片和锗片，以硅片为敏感材料而制成的硅压阻传感器越来越受到人们的重视，尤其是以测量压力和速度的固态压阻式传感器应用最为普遍。

3) 传感器结构

压阻式压力传感器结构如图 2-27 所示。这种传感器不同于粘贴式应变传感器，不需通过弹性敏感元件间接感受外力，而是直接通过硅膜片感受被测压力的。压阻式压力传感器采用集成工艺将电阻条集成在单晶硅膜片上，制成硅压阻芯片，并将此芯片的周边固定封装于外壳之内，引出电极引线。

硅膜片的一面是与被测压力连通的高压腔，另一面是与大气连通的低压腔。硅膜片一般设计成周边固支的圆形，直径与厚度比约为 20～60。在圆形硅膜片定域扩散 4 条 P 杂质电阻条,并接成全桥,其中两条位于压应力区,另两条处于拉应力区,相对于膜片中心对称。

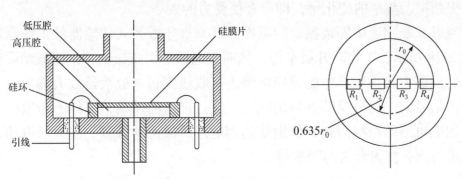

图 2-27 压阻式压力传感器结构

此外,也有采用方形硅膜片和硅柱形敏感元件的。硅柱形敏感元件也是在硅柱面某一晶面的一定方向上扩散制作电阻条,两条受拉应力的电阻条与另两条受压应力的电阻条构成全桥。

4. 振弦式压力计

振弦式传感器是目前国内外普遍重视和广泛应用的一种非电量电测的传感器。其利用谐振原理,即振动物体受压后其固有振动频率发生变化这一原理制成的。测量时,将振动物体置于磁场中,物体振动时会产生感应电势,其感应电势的频率与物体的振动频率相等,则可通过测量感应电势的频率,再根据振荡频率与压力的关系确定被测压力。

由于振弦传感器直接输出振弦的自振频率信号,因此,具有抗干扰能力强、受电参数影响小、零点漂移小、受温度影响小、性能稳定可靠、耐振动、寿命长等特点。与工程、科研中普遍应用的电阻应变计相比,有着突出的优越性如下。

(1) 振弦传感器有着独特的机械结构形式并以振弦频率的变化量来表征受力的大小,因此具有长期零点稳定的性能,这是电阻应变计所无法比拟的。在长期、静态测试传感器的选择中,振弦传感器已成为取代电阻应变计而广泛应用于工程、科研的测试手段。

(2) 随着电子、微机技术的发展,从实现测试微机化、智能化的先进测试要求来看,由于振弦传感器能直接以频率信号输出,因此,较电阻应变计模拟量输出更能简单方便地进行数据采集、传输、处理和存储,实现高精度的自动测试。

振弦式传感器由受力弹性形变外壳(或膜片)、紧固夹头、钢弦、激振和接收线圈等组成。钢弦自振频率与张紧力的大小有关,在振弦几何尺寸确定之后,振弦振动频率的变化量,即可表征受力的大小。

现以双线圈连续等幅振动的激振方式来表述振弦式传感器的工作原理。如图 2-28 所示,工作时开启电源,线圈带电激励钢弦振动,钢弦振动后在磁场中切割磁力线,所产生的感应电势由接收线圈送入放大器放大输出,同时将输出信号的一部分反馈到激励线圈,保持钢弦的振动,这样不断地反馈循环,加上电路的稳幅措施,使钢弦达到电路所保持的等幅、连续的振动,然后输出与钢弦张力有关的频率信号。

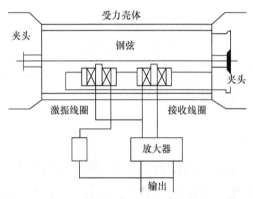

图 2-28 振弦式传感器工作原理图(连续激振型)

2.2.6 压力敏感涂料

测定不同运动机械模型表面压力场分布为设计不同新型运动机械时选定材料的基础,传统常采用测压孔法或测压口法进行测压。在这种方法中,测压口需钻在被测模型表面,由于相邻测压口间通常间隔有一定的距离,因此无法提供测压口间隔处的准确压力信息,需要通过计算机建立流体动力学(Computational Fluid Dynamics,CFD)模型进行插值处理。另外,需要成百上千的测压口、传感器以及管路等才能绘制成一张全部被测表面的压力图,这不仅对被测表面会造成破坏,而且实施起来既浪费时间又价格昂贵。由于传统方法要求测压口或传感器有一定的安装尺寸,这限制了它们不能安装在被测模型的某些特殊位置,使得这些位置的压力情况无法测定。

近年来发展的一项新技术——光学压敏测压方法克服了传统方法的上述缺点。这种方法利用光学压力敏感涂料(简称压敏涂料,PSP)的光学特性,将压力大小转化为光度强弱后再进行数字化处理,将压敏涂料涂布于模型表面,对被测表面的流场不产生破坏和干扰,避开了传统方法的许多机械、工艺的技术环节，节省了设计，制造和装配测压仪器仪表的大笔费用，同时可全景表达模型表面任何一处的压力分布，有足够丰富的信息量来描述各种复杂流动细节。

压敏技术为科学研究和工业生产中压力的测定提供了一种灵敏、全面、廉价、无破坏的柔性检测方法，在许多方面变革了传统硬性检测方法的思路和技术。自 20 世纪 80 年代提出以来，压敏技术得到了各国科学家的关注和推进，最近几年压敏技术的应用范围逐渐扩大，技术得到不断改进，有望取代传统的测压方法。

1. 压敏涂料测压原理

在光的照射下，处于基态的分子会吸收某种特定频率的光子，并转变为不稳定的激发态分子。当激发态分子回复到基态时，随之而产生具有极少量热量的光辐射——荧光。通过对大量发光分子的观察，发现在有氧气存在时，这些辐射光在发光过程中碰撞钝化而导致发光衰弱，即被氧猝灭。基于这一原理，在选取了合适的发光物质后，将其配制成压敏涂料涂于被测表面，用紫外线光源照射该压敏涂层，由于涂层的发光强度依赖于所受氧气分压的大小，由光学系统测得发光强度后即可获得相应的氧气分压，又由于氧气在空气中的摩尔比是一个已知常数，从而可由氧气分压得出空气的压力，亦即模型表面所受的空气压力场分布。测压装置如图 2-29 所示。

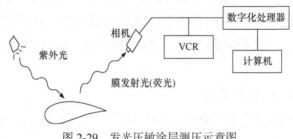

图 2-29　发光压敏涂层测压示意图

2. 系统组成

系统一般由涂有 PSP 涂料的实验物体、激发光源、图像采集、图像处理和控制部分等子系统组成，如图 2-30 所示。

1) 发光压力敏感涂料

压力敏感涂料是该技术的核心，典型的压敏涂料层的实验应用结构如图 2-30 所示，其中活性层是由发光体和基质构成，基质除了能固定发光体外，要求具有较高的气体穿透性，对发光体的光吸收和发射无干扰，在较宽温度

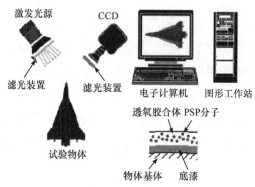

图 2-30　PSP 测量系统组成与涂层结构

范围内能够弹性回复以及具有优良的成膜性。有时在基质中还加入散射剂，以增加活性层中平均光程的长度。对于动态实验，采用开微孔的基质来提高响应频率，发光体则填充在孔内。在模型表面与活性层中间是屏蔽层，它的作用是阻隔模型金属表面对发光层发光性能的影响，使模型表面产生光扩散反射、光特性均匀。同时，它对金属及黏结层有良好的过渡作用，使之易于成膜并在室温固化。有时为了使活性层的性能稳定，在风洞实验过程中免受空气中悬浮微尘、油污等的侵袭和污染，要在活性层外涂一层光滑剂。

2) 激励光系统

对于激励光系统，要求发光稳定，调制均匀，根据不同的压敏涂料，采用不同的激励光源。主要能在 PSP 涂层产生均匀分布且能激发涂层发光所需的特定波长和亮度的光，且不含有与涂层发出的光相同的光谱。根据测量方式的不同，可以是连续光或脉冲光。但可见光激发对环境的要求更加严格，容易受干扰。

3) 受激发光数据采集系统

由于数字式电荷耦合器件(CCD)的技术水平发展迅速，按照实验要求可以在市场上买到合适的采集系统。可用方法包括静止摄影、微光电视摄像机或电荷耦合器件阵列数字摄像机，其作用是作为传感器用于记录被实验物体表面的辐射光强度，根据其发光强度按照 Stern-Volmer 公式计算出实验物体表面的压力分布。传感器的分辨率、信噪比(SNR)和线性度决定着系统测量压力精度。

图像的处理和控制部分：主要包括计算机和图形工作站等，用于对采集的图像进行处理、计算、显示和存储管理等。

3. PSP 特性参数的标定

在测量之前，需要先对涂料的特性参数进行标定。系统用于压敏涂料样件的事先校准，激励光和受激发光的采集设备与风洞实验使用的相同。样片校准箱代替了风洞实验段，并备有压力给定设备，以给定校准时需要的压力赋值。

标定一般在专用的测试箱中进行，如图 2-31 所示。标定箱一般是一个上边开有透明玻璃窗口的密闭容器，有通气管和气泵相连，测试时先把 PSP 试样放入测试箱中，控制气泵和温控装置改变测试箱中的温度和压力，利用带有滤光镜的激励光源和 CCD 通过窗口照射到试样并采集到激发出的光强度，然后根据采集到的数据一般用最小二乘法来计算涂料的参数。标定出的特性曲线如图 2-32 所示，图中 I/I_0 是相对荧光强度，I_0 是参考样片在无氧分子渗透作用时产生的荧光强度，它只与激发光源的光强有关，与作用于 PSP 的温度和空气压力无关；I 是作用于 PSP 的温度和空气压力时，PSP 发射的荧光强度。

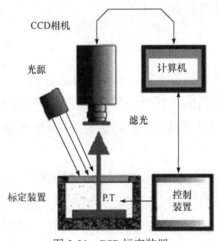

图 2-31　PSP 标定装置

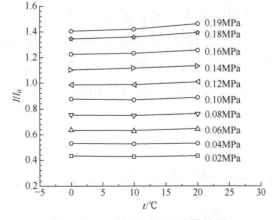

图 2-32　PSP 的压力和温度特性图

此外，也可在被测模型上局部埋设传感器，然后根据测定的局部压力和该点涂料发光强度，来确定涂料的参数。这种现场标定的好处是可以减少环境变化和涂料特性随时间变化引起的误差，其缺点是需要附加的测压设备，成本较高。

2.3　流场密度测量

对于现代工业应用和热能动力机械研发而言，流场结构和热力学特性研究是一项重要的课题。实际上，诸多的物理参数均依赖于气体的密度和温度特性。因此，相对温度而言密度同样是最基本的实验数据。例如，燃气涡轮机排出气体的密度场分布剖面内包含了发动机和喷嘴的性能信息；在风洞实验中，模型绕流场的密度场信息是飞行器气动外形优化的重要数据，其定量测量也一直是流场研究的重点。

2.3.1　基本原理

流场密度一般采用非接触测量方法，通常是通过对气体介质折射率及其变化的测量而间接地得到的。因为对气体而言，折射率通常是与密度成正比的。目前常用的非接触式测量密度的方法有阴影照相法、纹影仪法和干涉仪法。

图 2-33 是如何从流场折射率的变化转变为光照度变化的示意图。一束光摄入测量区内某处，若区内密度无变化，则光线无偏折地投射在显示屏上点 A 处。若测区内该处有密度变化，光线则发生折射，投射在显示屏上的点 B 处。这样，有折射和无折射的不同可反映在下列三个偏差量上：光束投影点的位移 Δs，光束偏折角 $\Delta \theta$ 和两光束的光程差 Δl，测出这三种偏差量的任一种，均可获得流场密度的变化。目前常用的非接触光学诊断密度的方法就是以分别测量上述偏差量为基础的。测量位移偏差 Δs 的方法称为阴影法，测量角偏差 $\Delta \theta$ 的方法称为纹影法，测量光程差(或位相差) Δl 的方法称为干涉法。

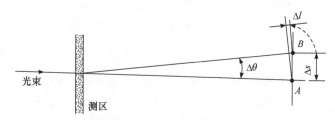

图 2-33　折射率变化转变为光照度变化示意图

比较上述三种方法，虽然它们的结果都是反映出显示屏上照度的变化，但照度所反映的折射率方面的变化却各不相同。阴影法记录的是偏折位置差，反映的是折射率梯度的变化(折射率 n 的二阶导数)；纹影法记录的是偏折角度差，反映的是折射率的梯度(折射率 n 的一阶导数)；干涉法记录的是光波位相差，反映的是折射率本身。其中，阴影法和纹影法只能作定性研究，不能提供定量数据。而干涉法可以做定量分析，给出折射率和密度的定量数据。

下面，我们分别对上述方法做进一步的分析。

2.3.2 阴影法

阴影法是观察流场密度变化最简单的方法，其原理是获得被摄对象受光线照射(平行光或会聚光)后所得的投影照片。它与普通照相的不同之处在于普通照相得到的是来自被摄对象的反射光强分布，而阴影照相获得的是来自被摄对象的透射光强分布。当光线通过有扰动的气流时，由于局部部位处折射率梯度的变化，使透射光发生偏折移位。而使显示屏(或照相底片)上对应于未偏折的部位形成暗区(阴影)，偏折光达到的部位形成亮区，从而显示出显示屏上照度的变化。

阴影仪的设备十分简单，由光源(为了使图像清晰，要用点光源)、透镜或凹面反光镜、显示屏三部分组成。但它只能观察密度梯度变化剧烈的对象，如超音速气流中形成的强激波(在阴影照片上可获得与之对应的黑线)，以及燃气中的固体颗粒等。对于密度梯度变化不明显的对象，光线明暗变化不明显，不能得到理想的阴影照片，此时宜用纹影法来观察测区密度的变化。

图 2-34 是阴影仪的光路布置示意图。点光源射出的发散光经过透镜(或凹面反射镜)后，会形成平行光束，透过流动测试区后投射到屏幕上，也可以采用普通照相机代替屏幕，将扰动流动的照度变化拍成照片记录下来。若实验区内流体未受扰动，密度均匀，则屏幕上的亮度均匀；若流体受到扰动，则会引起密度变化，从而使光线发生偏折，投射到屏幕后偏离原来位置，将出现暗纹，它反映了扰动区的线位移。当研究高速变化时，可用高速摄影机和脉冲光源配合动作，记录下时间序列相关的多张阴影照片。

下面讨论折射率梯度变化引起照度变化的原理。当平行光束射向被测流场时，如果流场未被扰动$\left(\dfrac{\partial n}{\partial y}=0\right)$，投射后的光束方向不变，如图 2-35(a)所示。当流场被扰动, 此时 $\dfrac{\partial n}{\partial y} \neq 0$, 入射光束将发生偏折。当 $\dfrac{\partial^2 n}{\partial y^2} = 0 \left(\dfrac{\partial n}{\partial y} = 常数 \right)$
时, 偏折后的光线将仍然保持平行(图 2-35(b)), 故显示屏上的照度仍然保持不变, 即无阴影发生; 反之, 若 $\dfrac{\partial^2 n}{\partial y^2} \neq 0$ 时, 光束入射后的偏折程度就有所不同, 就会分别发生照度的减弱(光线发散, 图 2-35(d))和增强(光线聚拢, 图 2-35(c))。这种照度的变化和位移就是阴影产生的原因, 它基本上正比于折射率梯度的变化。

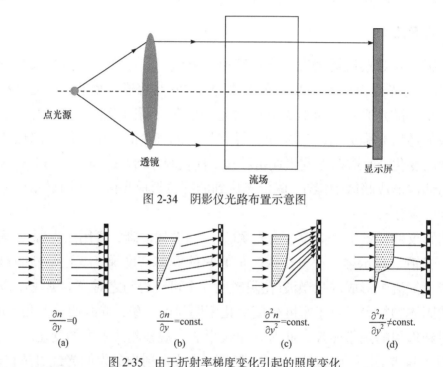

图 2-34   阴影仪光路布置示意图

图 2-35   由于折射率梯度变化引起的照度变化

2.3.3   纹影法

纹影法是用纹影仪系统进行流场显示和测量的最常用的光学方法, 包括黑、白纹影法, 彩色纹影法和干涉纹影法。与阴影法类似, 纹影法也是基于光的折射原理, 但它敏感的是光偏折的角度, 即流场密度的变化。纹影仪的诊断灵敏度比阴影仪高出一个数量级, 它可对弱激波和密度梯度变化小的流场进行诊断, 因此, 纹影照相已成为空气动力学研究和气相火焰研究中普遍使用的一种手段。

根据盖斯定律, 气体的密度(ρ)与气体的折射率(n)的关系有

$$n = 1 + K_{GD}\rho \tag{2-3-1}$$

式中，K_{GD} 称为气体的比折射度，是气体的一种特性。从盖斯定律可知，光的折射率梯度正比于气体密度，而气体密度可以反映气体的温度、压力和成分等各种性质。因此，纹影法广泛使用在边界层、激波、燃烧、气体内的对流混合以及风洞和水洞的观察测量当中，如图 2-36 所示。

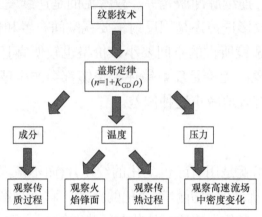

图 2-36 纹影技术应用领域

纹影仪系统的本质是利用光线通过气流扰动区后发生不同方向的偏折，并用纹影刀口挡掉部分偏折光，以改变观察显示屏上的照度，使扰动区折射率的变化呈现为观察屏(或照相底片)上明暗变化的纹影图像。

如图 2-37 所示，矩形光源设置在透镜 1 的焦点上，刀口置于透镜 2 的焦平面上，刀刃与矩形光源长边平行，通常设置刀口阻挡一半光源像，使得光屏上照度均匀地减少。当光线穿过观察区域时，如果在垂直于刀刃边的方向上存在密度即折射率变化，则原本平行光束产生偏折，光源像在透镜 2 的焦平面上产生位移。

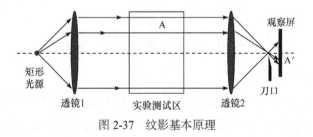

图 2-37 纹影基本原理

当光路中无扰动时，折射率是均匀的，故显示屏上的照度也是均匀的。此时调整刀口的位置可得到需要的灵敏度和对比度。当有扰动存在时，测试区气体折射率将变得不均匀，导致平行光发生正比于折射率梯度(光线偏折

角 $\Delta\theta$)的偏折，偏折后向下的光线被纹影刀口阻挡，使底片上产生暗区；反之，向上偏折的光，将使底片上出现亮区。这样，就在相应的像场上出现亮暗相间的纹影图像。根据亮暗区的位置可以大致计算出测区内密度的变化情况。

与阴影系统不同，为了获得清晰图像，纹影系统应采用线光源，光源可用闪光、连续弧光、连续脉冲激光等。较常见的是连续发光的汞弧灯或氙灯。光路系统中究竟用纹影透镜还是用反射镜要视空间布置和价格等因素而定。Z形布置的反射镜比透镜所占的空间要小，价格也较便宜且光损失小，但反射镜容易产生色散现象。无论是反射镜还是透镜都会产生球面像差，尽量采用它们的中心部位可有效地减小这种像差。

1. 彩色纹影术

所谓彩色纹影术就是用有颜色变化的纹影片(而不像黑白照片那样用黑白灰度的变化)来显示扰动区内折射率变化的技术。彩色纹影术通常是用一块双色带(如红色/蓝色)或多色带的滤光片代替原来的纹影光阑。把色带间的接缝或中央有色或无色的窄带(图 2-38)调节到和光源像平行，即可进行彩色纹影观察和记录。

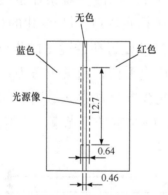

图 2-38　彩色纹影滤光片(单位：mm)

这样做的优点如下。

(1) 人眼对彩色变化的分辨能力比对黑白灰度变化的分辨能力高，因此，可更清晰地看出纹影图中的微小变化，特别是靠近燃烧表面处的变化。

(2) 原来不透光的刀口被透光的彩色滤光片代替，不会产生由于感光不足引起的问题。

彩色纹影的灵敏度取决于光源窄缝与中央窄带的相对宽度。用前者稍宽于后者、两边略有搭接的定位方法提高彩色纹影系统的灵敏度和减少因光源窄缝的"物理边缘"引起的衍射。

彩色纹影的光源强度应超过火焰的自发光强度，否则纹影的对比度差，光源的光谱成分应在可见的连续光波段内，以便和色带滤光片相匹配。

2. 激光纹影术

普通光源纹影仪的测量受到光源强度和宽度以及方向的限制，而且由于光源强度的限制，只能通过高灵敏度的底片才能拍摄照片。采用激光作为纹影仪的光源，继承了光对研究区域无影响的优点，还具备普通光源纹影仪不可比拟的优点，例如：

(1) 激光具有高强度和高单色性，将它和窄通频带(激光波长)的滤光片配合使用，可大大消除火焰自发光的干扰，且可采用较短的曝光时间。

(2) 激光具有偏振性，若将它和偏振片联合使用，可更有效地抑制火焰自发光的干扰，并可提高测量折射率的灵敏度。

(3) 激光可与全息照相术联合使用，用一张全息图就可得到各种不同的纹影图像。

但是，激光近似于一个高准直度的点光源，因此纹影刀口的调节度变得十分灵敏；另外，点光源的衍射效应也会使纹影效果变差。因此，在实际使用中常在第一纹影透镜前加一光束扩展器来解决。

图 2-39 是美国海军研究生院使用的激光纹影装置示意图。激光器和第一纹影透镜间加入了一个凹透镜，它与第一纹影透镜共焦，一同起扩束作用。在第二纹影透镜前放入了一个激光波长滤波器。在原来的纹影刀口部位安放了第一个单晶石英楔形棱镜，这种棱镜的特性是可使入射的线偏振光在出射时改变偏振角度。改变的角度与入射光的波长成反比，与棱镜的厚度成正比，

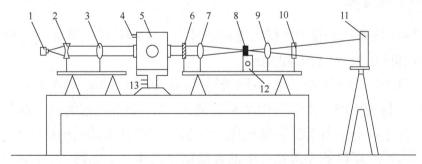

图 2-39　激光纹影装置示意图

1-连续波长激光器；2-凹透镜；3-第一纹影透镜；4-排气出口；5-测试区；6-窄带滤光片；7-第二纹影透镜；8-棱镜组；9-成像透镜；10-偏振滤光片；11-照相机；12-微调台架；13-洁净保护氮气进口

不同偏折程度的光入射到棱镜表面的不同部位，因而穿经棱镜的厚度也就不同，出射光线的偏振方向也就随之不同。出射的光线在经过第二个中性楔形棱镜时，将已偏折的方向又纠正了过来。位于成像透镜后的偏振片起到偏振滤波的作用，只允许与偏振片偏振方向相同的光线通过。最后，在照相机的底片上成像。

应用激光纹影仪时，石英晶体棱镜和偏振片的配合至关重要。一开始，在没有棱镜和测试区时，将偏振片调整到大约 50% 的透光度。然后把安装在二维支架(微调台架)上的棱镜组安装到位，并细调至合适的纹影对比度。如果背景条件改变了，变得太亮或太暗，则应稍稍转动偏振片，并再调棱镜到产生满意的纹影图像，这种调整工作一直继续到同时产生满意的背景和纹影图像为止。

总的说来，到目前为止，由于视窗之间、棱镜之间的反射而引起的干涉条纹、背景散斑和衍射效应等问题的影响，激光纹影所得到的图像并不够理想；而采用一般光源的彩色纹影术可得到优于黑白纹影的较高质量的图像。例如，将彩色纹影用于燃气涡轮的转子流场，可以看出各种激波的位置以及层流变湍流的转捩点等。

2.3.4　干涉法

干涉照相的原理是用两束相干光分别通过气流扰动区和非扰动区，由于扰动区内折射率的不同引起了光程差的变化，使相干的两束光产生了位相上的变化，从而反映出显示屏(或照相底片)上干涉条纹的变化。

干涉仪是观察和进行流场密度测量的一种基本的光学方法，它可通过定量测量流场中各点折射率的变化而定量地获得密度场的数据。

1. 干涉仪原理

图 2-40 是迈克尔逊干涉仪的光路原理图。干涉仪的主要光学零件是一个分束器 S 和两个反射镜 M_1 和 M_2。

来自激光器的光束经扩束器(凹透镜 L_1 和透镜 L_2 的组合)扩束和准直后，由分束器 S 将光束的一部分透射至平反镜 M_1 上，而将光束的其余部分反射至平反镜 M_2 上。分束器上涂有薄层电介质膜，以得到大约透射率(50%)～反射率(50%)；被 M_1 反射的光再被分束器 S 反射至透镜 L_3；而被 M_2 反射的光也被分束器 S 透射至相同的透镜 L_3，该两束光都经过 L_3，再经透镜 L_4 将 L_3 的焦点成像放大投影在显示屏 E 上。

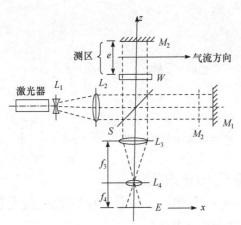

图 2-40　迈克尔逊干涉仪光路示意图

流场的扰动区位于 M_2 和一平面玻璃观察窗 W 之间，光束的传播方向垂直于流速。

现在来分析显示屏上某点 P 的情况。P 接受到来自同一光源的两条射线，如上所述，它们经过两条不同的光路，但都经过一次透射和二次反射，因此它们是相干匹配的。两光相干涉后 P 点的合成光强 I 为

$$I = I_0(1 + \cos\varphi) \tag{2-3-2}$$

式中，I_0 是入射光在分束器上的光强，φ 是两条波动光线间的位相差。它可表示为

$$\varphi = \frac{2\pi\delta}{\lambda} \tag{2-3-3}$$

式中，λ 是激光波长，δ 是两条射线间的光程差。

光程 Δ 是光线从一点至另一点的几何行程 l 与折射率 n 的乘积，即

$$\Delta = nl \tag{2-3-4}$$

折射率 n 的定义是光线在真空中的速度和在介质中的速度之比。如果采样区内也是空气，则在光路 $l_1 = \overline{SM_1S}$ 和 $l_2 = \overline{SM_2S}$ 中各处 n 都一样，因此

$$\delta = \Delta_1 - \Delta_2 = n(l_1 - l_2) \tag{2-3-5}$$

现在我们来考虑 M_2 在 $\overline{SM_1}$ 光路中的虚像 M_2' (图 2-40)。如果 M_1 严格地与 M_2' 平行，则显示屏 E 上对应于入射光束中所有的点其光程差均相同，即位相差 φ 为常数。根据式(2-3-2)，整个显示屏上的光强 I 也等于常数，即显示屏上

的亮度(照度)都一样(只有在介质受到扰动时才能在扰动区看到条纹),这种情况称为"无限条纹宽"模式。

对应亮条纹时

$$\varphi = 2k\pi \quad 或 \quad \delta = k\lambda \tag{2-3-6}$$

对应暗条纹时

$$\varphi = (2k+1)\pi \quad 或 \quad \delta = \left(k + \frac{1}{2}\right)\lambda \tag{2-3-7}$$

式中,k 等于零或其他整数(正或负)。

如果将 M_1 稍微旋转一个角度 ε,那么反射光线就要旋转 2ε,此时两条干涉光线则在显示屏上以角度 η 相交

$$\eta = 2\varepsilon \frac{f_3}{f_4} \tag{2-3-8}$$

式中,f_3 是透镜 L_3 的焦距,f_4 是透镜 L_4 至显示屏的距离。

在这种情况下,位相差 φ 变成了沿 x 轴方向上距离的线性函数,显示屏上显示出明暗相间的等间距干涉条纹(无扰动时就有)。它们互相平行,且垂直于 x 轴。x 轴的方向与两干涉光线所在平面和显示屏 E 平面的交线相平行。

条纹间距 i 由式(2-3-9)给出:

$$i = \frac{\lambda}{\eta} = \frac{\lambda}{2\varepsilon} \frac{f_4}{f_3} \tag{2-3-9}$$

我们把这种条纹宽度随 ε 角的变化而变化且条纹方向与 ε 角转轴方向一致的情况称为"有限条纹宽"模式。

2. 应用干涉仪测量流场密度的方法

一般情况,当光线通过被测物体时,气体介质的折射率 n 取决于气体的物理状态(压力和温度)。气体密度 ρ 与折射率 n 的关系由盖斯定律可得

$$n - 1 = K\rho \tag{2-3-10}$$

若已知某一参考压力和温度下某物质的折射率 n_0 和密度 ρ_0,即可根据式(2-3-11)求出该物质的 K_{GD} 值:

$$K_{GD} = \frac{n_0 - 1}{\rho_0} \tag{2-3-11}$$

因此，若能求得被测气体的折射率 n，即可根据式(2-3-10)求出 ρ，然后根据气体状态方程

$$\rho = \frac{M}{R_0}\frac{P}{T} \tag{2-3-12}$$

进一步获得温度(或压力)数据。式(2-3-12)中，M 是分子量，R_0 是摩尔气体常数，P 和 T 分别是气体压力和温度。

如果被测流场各点的密度是变化的，则光线在介质中传播的光程应为

$$\Delta = \int n_i \mathrm{d}i \tag{2-3-13}$$

式中，n_i 是点 i 处的折射率，$\mathrm{d}i$ 是几何路程的微量。

如果没有被测扰动场，则在测区内的光程为

$$\Delta_0 = 2n_0 e \tag{2-3-14}$$

式中，Δ_0 是无被测扰动场时测区内的光程，n_0 是测区内无被测扰动场时测区内的折射率，e 是测区反射镜 M_2 和观察窗 W 之间的垂直距离。

根据式(2-3-5)，此时显示屏上干涉图中的光程差为

$$\delta_0 = \delta_a + 2(n_0 - n_a)e \tag{2-3-15}$$

式中，n_a 是测区外空气的折射率，δ_a 是测区内介质为外界空气时的光程差。

如果测区内有被测介质流动，考虑到式(2-3-13)，光程差变为

$$\delta_1 = \delta_a - 2n_a e + \int_{A_1}^{A_2} n_l \mathrm{d}l = \delta_0 - 2n_0 e + \int_{A_1}^{A_2} n_l \mathrm{d}l \tag{2-3-16}$$

式中，积分限 A_1 和 A_2 分别对应于光束进入和射出测区的点。显然，必须知道 n_l 的变化规律才能对上述积分式进行积分，求出所需的光程差。下面以二维流场为对象加以讨论。

假设测区内沿光线经过的路程(z 轴)上每点的 n 和 ρ 均为常量，此时式(2-3-16)可改写为

$$\delta_{1P} = \delta_{0P} + 2(n_P - n_0)e \tag{2-3-17}$$

式中，n_P 是测区内对应于显示屏上某点 $P(x, y)$ 处的折射率，δ_{0P} 是测区内对应于显示屏上某点 $P(x, y)$ 处的无扰动气流存在时的光程差。

采用前述"有限条纹宽"模式进行数据处理。把显示屏上的干涉图像拍摄在照相底版上，用一台与微处理机相连接的显微光密度计垂直地扫过所有条纹，以便确定光强的最大值(亮条纹)和最小值(暗条纹)。

因为我们并不知道 δ_{1P} 和 δ_{0P} 的绝对值，所以我们需要在图像场内找一个参考点 R，对应在该点处的测区气体密度为 ρ_g，折射率为 n_R，与式(2-3-17)同理，我们可得

$$\delta_{1R} = \delta_{0R} + 2(n_R - n_0)e \tag{2-3-18}$$

式(2-3-17)减去式(2-3-18)得

$$\delta_{1P} - \delta_{1R} = \delta_{0P} - \delta_{0R} + 2(n_P - n_R)e \tag{2-3-19}$$

我们来考虑式(2-3-19)等号左边，因为从一个条纹到相邻的另一条纹所对应的光程差是一个波长，故

$$\delta_{1P} - \delta_{1R} = N_{1PR}\lambda \tag{2-3-20}$$

式中，N_{1PR} 是从测区内有气流扰动存在时所得的干涉图上量出的 P 点和 R 点之间的条纹数。

再看式(2-3-19)等号的右边，$\delta_{0P} - \delta_{0R}$ 表示测区内没有被测气流扰动的情况，它等于

$$\delta_{0P} - \delta_{0R} = N_{0PR}\lambda = \frac{x_P - x_R}{i_0}\lambda \tag{2-3-21}$$

式中，N_{0PR} 是从测区内无气流扰动时所得干涉图上量出的 P 点和 R 点之间的条纹数，x_P 和 x_R 分别是 P 点和 R 点在 x 轴上的坐标位置，i_0 是无扰动时的条纹间距。

另外，根据式(2-3-10)得

$$n_P - n_R = K(\rho_P - \rho_R) \tag{2-3-22}$$

将式(2-3-20)～式(2-3-22)代入式(2-3-19)可得最终形式为

$$\rho_P - \rho_R = \frac{\lambda}{2Ke}(N_{1PR} - N_{0PR}) \tag{2-3-23}$$

只要我们分别测出测区内有气流扰动时和无气流扰动时干涉图上的条纹数 N_{1PR} 和 N_{0PR}，并已知参数 λ、K_{GD} 和 e，即可由式(2-3-23)求得 P 点和 R 点之间的密度差。

通常，要找出一个容易测得其密度的参考点(例如可用皮托管测量)，根据测得的 ρ_R 即可利用式(2-3-23)求出所需的 $\rho_P(x,y)$ 来。

从上述分析可知，干涉仪测量的是密度的变化量。因为干涉仪的光学元件和调整机构的质量要求极高，测量时对振动相当敏感，故造价昂贵，调整麻烦，使用条件苛刻，影响了其使用的广泛性。

2.4 流 量 测 量

在工业生产及动力装置研制过程中，流量都是非常重要的参数。流量的测量是实现自动检测和控制的重要环节。随着科学技术的发展，人们对流量测量的要求越来越高。

流量是一个动态量，其测量过程与流体的流动状态、物理性质、工作条件及流量计前后直管段的长度等因素有关。测量对象涉及高、低黏度以及强腐蚀的流体，包括单相流、双相流和多相流；测量条件有高温高压、低温低压；流动有层流、湍流和脉动流等，因此确定流量的测量方法、选择合适的流量仪表时，需要综合考虑以上各因素，这样才能达到理想的测量要求。

2.4.1 流量的定义及表示方法

流体在单位时间内通过流道某一截面的数量称为流体的瞬时流量，简称流量。当流体量以体积表示时称为体积流量，用 q_v 表示；当流体量以质量表示时称为质量流量，用 q_m 表示。二者满足

$$q_m = \rho q_v \tag{2-4-1}$$

式中，ρ 是被测流体的密度。

在国际标准单位制中，q_m 的单位是 kg/s，q_v 的单位是 m^3/s。因为流体密度 ρ 随流体的状态参数的变化而变化，所以给出体积流量的同时，需要指明流体所处的状态，特别是对于气体，其密度随压力、温度变化非常明显，为了便于比较，常把工作状态下气体的体积流量换算成标准状态下(温度 20℃，绝对压力 101325Pa)的体积流量，用 q_{vN} 表示。

2.4.2 流量计分类和主要参数

每种流量计产品都有它特定的适用性，也都有它的局限性。按测量原理分有力学原理、热学原理、声学原理、电学原理、光学原理、原子物理学原理等。

按流量计的结构原理进行分类：有容积式流量计、差压式流量计、浮子流量计、涡轮流量计、电磁流量计、流体振荡流量计中的涡街流量计、质量流量计和插入式流量计。

按测量对象划分就有封闭管道和明渠两大类；按测量目的又可分为总量

测量和流量测量，其仪表分别称作总量表和流量计。总量表测量一段时间内流过管道的流量，是以短暂时间内流过的总量除以该时间的商来表示，实际上流量计通常亦备有累积流量装置，做总量表使用，而总量表亦备有流量发讯装置。因此，以严格意义来分流量计和总量表已无实际意义。

1. 按测量原理分类

(1) 力学原理。属于此类原理的仪表有利用伯努利定理的差压式、转子式；利用动量定理的冲量式、可动管式；利用牛顿第二定律的直接质量式；利用流体动量定理的靶式；利用角动量定理的涡轮式；利用流体振荡原理的旋涡式、涡街式；利用总静压力差的皮托管式以及容积式和堰、槽式等。

(2) 电学原理。利用电学原理测量流量的有电磁式、差动电容式、电感式、应变电阻式等。

(3) 声学原理。利用声学原理测量流量的有超声波式、声学式(冲击波式)等。

(4) 热学原理。利用热学原理测量流量的有热量式、直接量热式、间接量热式等。

(5) 光学原理。激光式、光电式等是属于光学原理测量的仪表。

(6) 原子物理原理。核磁共振式、核辐射式等是属于原子物理原理测量的仪表。

(7) 其他原理。有标记原理(示踪原理、核磁共振原理)、相关原理等。

2. 按流量计结构原理分类

按当前流量计产品的实际情况，根据流量计的结构原理，大致上可归纳为差压式流量计、浮子流量计、容积式流量计、涡轮流量计、涡街流量计、电磁流量计等类型。

2.4.3 靶式流量计

靶式流量计是基于力学原理的一种流量计，它在工业上的开发应用已有数十年的历史。新型 SBL 靶式流量计是在传统靶式流量计的基础上，随着新型传感器、微电子技术的发展研制开发成的新型电容力感应式流量计，它既有孔板、涡街等流量计无可动部件的特点，同时又具有很高的灵敏度、与容积式流量计相媲美的准确度，量程范围宽。靶式流量计工作原理如图 2-41 所示，靶式流量计的测量元件是一个放在管道中心的圆形靶，靶与管道间形成环形流通面积。流体流动时质点冲击到靶上，会使靶受力，并产生相应的微小位移，这个力(或位移)就反映了流体流量的大小。通过传感器测得靶上的作用力(或靶子的位移)，就可实现流量的测量。

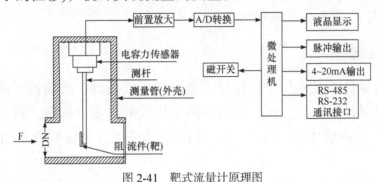

图 2-41 靶式流量计原理图

2.4.4 差压式流量计

差压式流量计是根据安装于管道中流量检测件与流体相互作用产生的差压，已知的流体条件和检测件与管道的几何尺寸来计算流量的仪表。它由一次装置(检测件)和二次装置(差压转换器和流量显示仪表)组成。通常以检测件形式对差压式流量计分类，如孔板流量计、文丘里流量计、均速管流量计、皮托管原理式——毕托巴流量计等。二次装置为各种机械、电子、机电一体式差压计，差压变送器及流量显示仪表。它已发展为三化(系列化、通用化及标准化)程度很高的、种类规格庞杂的一大类仪表，它既可测量流量参数，也可测量其他参数(如压力、物位、密度等)。

差压式流量计应用范围特别广泛。在封闭管道的流量测量中各种对象都有应用。例如：①流体方面：单相、混相、洁净、脏污、黏性流等；②工作状态方面：常压、高压、真空、常温、高温、低温等；③管径方面：从几毫米到几米；④流动条件方面：亚声速、声速、脉动流等。它在各工业部门的用量约占流量计全部用量的 1/4～1/3。

差压式流量计的检测件按其作用原理可分为：节流装置、水力阻力式、离心式、动压头式、动压头增益式及射流式几大类。

(1) 优点。

① 应用最多的孔板式流量计，其结构牢固，性能稳定可靠，使用寿命长。

② 应用范围广泛，至今尚无任何一类流量计可与之相比。

③ 检测件与变送器、显示仪表分别由不同厂家生产，便于规模经济生产。

(2) 缺点。

① 测量精度普遍偏低。

② 范围度窄，一般仅 3∶1～4∶1。

③ 现场安装条件要求高。

④ 压损大(指孔板、喷嘴等)。

2.4.5　浮子流量计

浮子流量计，又称转子流量计、金属转子流量计、玻璃转子流量计，是变面积式流量计的一种。在一根由下向上扩大的垂直锥管中，圆形横截面的浮子的重力是由液体动力承受的，从而使浮子可以在锥管内自由地上升和下降。

如图 2-42 所示，被测流体从下向上经过锥管和浮子形成的环隙时，浮子上下端产生差压形成浮子上升的力，当浮子所受上升力 F_s 大于浸在流体中浮子重量 G 时，浮子便上升，环隙面积随之增大，环隙处流体流速立即下降，浮子上下端差压降低，作用于浮子的上升力亦随着减少，直到上升力等于浸在流体中浮子重量时，浮子便稳定在某一高度。浮子在锥管中高度和通过的流量有对应关系。然后通过在面板上的刻度读出流量值。

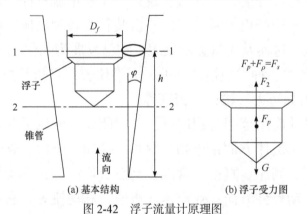

(a) 基本结构　　　　　　　　(b) 浮子受力图

图 2-42　浮子流量计原理图

浮子流量计是仅次于差压式流量计应用范围最宽广的一类流量计，特别在小、微流量方面有举足轻重的作用。浮子流量计的特点如下。

(1) 玻璃锥管浮子流量计结构简单，使用方便，缺点是耐压力低，有玻璃管易碎的较大风险。

(2) 适用于小管径和低流速。

(3) 压力损失较低。

2.4.6　容积式流量计

容积式流量计又称定排量流量计,简称 PD 流量计,在流量仪表中是精度最高的一类。它采用固定的小容积来反复计量通过流量计的流体体积,所以,在容积式流量计内部必须具有一个构成标准体积的空间,通常称其为容积式流量计的"计量空间"或"计量室"。这个空间由仪表壳的内壁和流量计转动部件一起构成。容积式流量计的工作原理为:流体通过流量计,就会在流量计进出口之间产生一定的压力差。流量计的转动部件(简称转子)在这个压力差作用下产生旋转,并将流体由入口排向出口。在这个过程中,流体一次次地充满流量计的"计量空间",然后又不断地被送往出口。在给定流量计条件下,该计量空间的体积是确定的,只要测得转子的转动次数。就可以得到通过流量计的流体体积的累积值。

容积式流量计与差压式流量计、浮子流量计并列为三类使用量最大的流量计,常应用于昂贵介质(油品、天然气等)的总量测量。

(1) 优点。

① 计量精度高。

② 安装管道条件对计量精度没有影响。

③ 可用于高黏度液体的测量。

④ 范围度宽。

⑤ 直读式仪表无需外部能源可直接获得累计总量,清晰明了,操作简便。

(2) 缺点。

① 结构复杂,体积庞大。

② 被测介质种类、口径、介质工作状态局限性较大。

③ 不适用于高、低温场合。

④ 大部分仪表只适用于洁净单相流体。

⑤ 产生噪声及振动。

容积式流量计按其测量元件分类,可分为椭圆齿轮流量计、刮板流量计、双转子流量计、旋转活塞流量计、往复活塞流量计、圆盘流量计、液封转筒式流量计、湿式气量计和膜式气量计等。其中比较常见的有齿轮型、刮板型和旋转活塞型等三种型式,现分别介绍如下。

1. 齿轮型容积式流量计

图 2-43 是椭圆齿轮型容积流量计(也称奥巴尔容积流量计)的工作原理示

意图。这种流量计的壳体内装有两个转子，直接或间接地相互啮合，在流量计进口与出口之间的压差作用下产生转动。通过齿轮的旋转，不断地将充满在齿轮与壳体之间的"计量空间"中的流体排出。通过测量齿轮转动次数，可得到通过流量计的流体量。

图 2-43　椭圆齿轮流量计工作原理图

另一种齿轮型容积式流量计是腰轮容积流量计(图 2-44)，也称罗茨型容积流量计。这种流量计的工作原理和工作过程与椭圆齿轮型基本相同，同样是依靠进、出口流体压力差产生运动，每旋转一周排出四份"计量空间"的流体体积量。所不同的是在腰轮上没有齿，它们不是直接相互啮合转动，而是通过安装在壳体外的传动齿轮组进行传动。

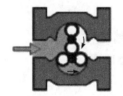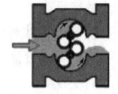

图 2-44　腰轮容积流量计工作原理图

上述两种转子型式的容积流量计，可用于各种液体流量的测量，尤其是用于油流量的准确测量。在高压力、大流量的气体流量测量中，这类流量计也有应用。由于椭圆齿轮容积流量计直接依靠齿轮啮合，因此对介质的清洁要求较高，不允许有固体颗粒杂质通过流量计。

2. 刮板式容积流量计

刮板式流量计也是一种较常见的容积式流量计，其工作原理如图 2-45 所示。在这种流量计的转子上装有两对可以径向内外滑动的刮板，转子在流量计进、出口差压作用下转动，每转动一周排出四份"计量空间"的流体体积。与前一类流量计相同，只要测出转动次数，就可以计算出排出流体的体积量。

3. 旋转活塞型容积流量计

旋转活塞流量计也是一种常用的容积式流量计，主要用于对液体的流量计量。如图 2-46 所示，旋转活塞容积流量计主要由隔板 2、转轴 4、内圆筒 5、外圆筒 6、环形旋转活塞 7、内侧计量室 8 等组成。它的工作是基于活塞与内、外圆筒间保持着一个体积不变的计量空间。活塞作为主要计量元件，在被测流体入口 1 和出口 3 压差的作用下，形成一个转动力矩来驱动活塞转动，活塞每转一圈排出一个固定体积的流体。

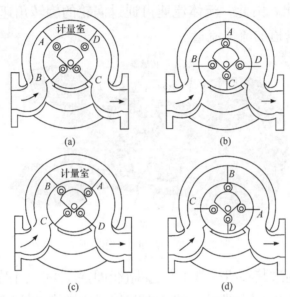

图 2-45　刮板式容积流量计工作原理图

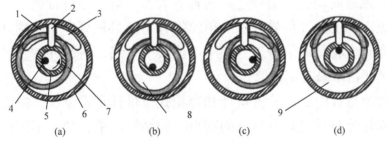

图 2-46　旋转活塞型容积流量计工作原理图

1-流量计进口；2-隔板；3-流量计出口；4-转轴；5-内圆筒；6-外圆筒；7-环形旋转活塞；8-内测计量室；
9-外测计量室

旋转活塞容积流量计最大的优点是流通能力较大，缺点是在工作过程中会有一定的泄露，所以准确度较低。

2.4.7　涡轮流量计

涡轮流量计是采用涡轮进行测量的流量计。它先将流速转换为涡轮的转速，再将转速转换成与流量成正比的电信号。这种流量计用于检测瞬时流量和总的积算流量，其输出信号为频率，易于数字化。

涡轮流量计是速度式流量计中的主要种类，其工作原理示意图如图 2-47 所示。在管道中心安放一个涡轮，两端由轴承支撑。当流体通过管道时，冲击涡轮叶片，对涡轮产生驱动力矩，使涡轮克服摩擦力矩和流体阻力矩而产生旋转。在一定的流量范围内，对一定的流体介质黏度，涡轮的旋转角速度与流体流速成正比。由此，流体流速可通过涡轮的旋转角速度得到，从而可以计算得到通过管道的流体流量。

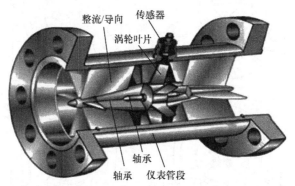

图 2-47　涡轮流量计工作原理图

涡轮的转速通过装在机壳外的传感器(线圈)来检测。当涡轮叶片切割由壳体内永久磁钢产生的磁力线时，就会引起传感线圈中的磁通变化。传感线圈将检测到的磁通周期变化信号送入前置放大器，对信号进行放大、整形，产生与流速成正比的脉冲信号，送入单位换算与流量积算电路得到并显示累积流量值；同时也将脉冲信号送入频率电流转换电路，将脉冲信号转换成模拟电流量，进而指示瞬时流量值。

在各种流量计中，涡轮流量计和容积式流量计是重复性、精确度最佳的产品，而涡轮流量计又具有自己的特点，如结构简单、加工零部件少、重量轻、维修方便、流通能力大(同样口径可通过的流量大)和可适应高参数(高温、高压和低温)等。

涡轮流量计广泛应用于以下一些测量对象：石油、有机液体、无机液、液化气、天然气、煤气和低温流体等。涡轮流量计作为最通用的流量计，其产品已发展为多品种、全系列、多规格批量生产的规模。

应该指出，涡轮流量计除前述工业部门大量应用外，在一些特殊部门亦得到广泛应用，如科研实验、国防科技、计量部门，这些领域的使用恰好避开了其弱点(不适于长期连续使用)，充分发挥其特点(高精度，重复性好，可用于高压、高温、低温及微流量等条件)。在这些领域,大多是根据被测对象的特殊要求进行专门的结构设计,它们是专用仪表不进行批量生产。

2.4.8　电磁流量计

电磁流量计(Electromagnetic Flowmeters,EMF)是 20 世纪 50~60 年代随着电子技术的发展而迅速发展起来的新型流量测量仪表。电磁流量计是一种应用电磁感应原理,根据导电流体通过外加磁场时感生的电动势来测量导电流体流量的仪器。

1. 电磁流量计工作原理

电磁流量计是根据法拉第电磁感应定律进行流量测量的流量计。如图 2-48 所示,当导体在磁场中做切割磁力线运动时,在导体中会产生感应电势,感应电势的大小与导体在磁场中的有效长度及导体在磁场中做垂直于磁场方向运动的速度成正比。

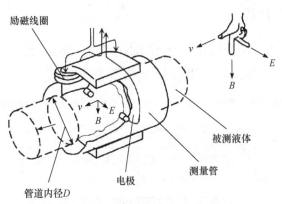

图 2-48　电磁流量计工作原理图

同理,导电流体在磁场中做垂直方向流动而切割磁感应力线时,也会在管道两边的电极上产生感应电势。感应电势的方向由右手定则判定,感应电势的大小由下式确定:

$$E_x = BDv \tag{2-4-2}$$

式中,E_x 是感应电势(V),B 是磁感应强度(T),D 是管道内径(m),v 是液体的平均流速(m/s)。

然而,体积流量 q_v 等于流体的流速 v 与管道截面积 $\pi D^2/4$ 的乘积,为

$$q_v = \frac{\pi D}{4B} E_x \tag{2-4-3}$$

由式(2-4-3)可知，在管道直径 D 已定且保持磁感应强度 B 不变时，被测体积流量与感应电势呈线性关系。若在管道两侧各插入一根电极，就可引入感应电势 E_x，测量此电势的大小，就可求得体积流量。

根据法拉第电磁感应定律，在与测量管轴线和磁力线相垂直的管壁上安装了一对检测电极，当导电液体沿测量管轴线运动时，导电液体切割磁力线产生感应电势，此感应电势由两个检测电极检出，数值大小与流速成正比例，其值为

$$E = BvDK \tag{2-4-4}$$

式中，E 是感应电势，K 是与磁场分布及轴向长度有关的系数，B 是磁感应强度，v 是导电液体平均流速，D 是电极间距(测量管内直径)。

由此可见，体积流量 q_v 与感应电动势 E 和测量管内径 D 呈线性关系，与磁场的磁感应强度 B 成反比，与其他物理参数无关，这就是电磁流量计的测量原理。

2. 电磁流量计结构

如图 2-49 所示，电磁流量计的结构主要由磁路系统(磁轭和励磁线圈)、测量导管、电极、外壳、内衬里和转换器等部分组成。

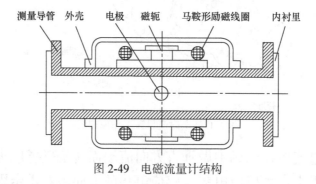

图 2-49　电磁流量计结构

1) 磁路系统

磁路系统的作用是产生均匀的直流或交流磁场。直流磁路用永久磁铁来实现，其优点是结构比较简单，受交流磁场的干扰较小，但它易使通过测量导管内的电解质液体极化，使正电极被负离子包围，负电极被正离子包围，即电极的极化现象，并导致两电极之间内阻增大，因而严重影响仪表正常工作。当管道直径较大时，永久磁铁相应也很大，笨重且不经济，所以电磁流量计一般采用交变磁场，且是 50Hz 工频电源激励产生的。

2) 测量导管

测量导管的作用是让被测导电性液体通过。为了使磁力线通过测量导管时磁通量被分流或短路，测量导管必须采用不导磁、低导电率、低导热率和具有一定机械强度的材料制成，可选用不导磁的不锈钢、玻璃钢、高强度塑料、铝等。

3) 电极

电极的作用是引出与被测量成正比的感应电势信号。电极一般用非导磁的不锈钢制成，且被要求与内衬里齐平，以便流体通过时不受阻碍。它的安装位置宜在管道的垂直方向，以防止沉淀物堆积在其上面而影响测量精度。

4) 外壳

外壳用铁磁材料制成，是励磁线圈的外罩，并隔离外磁场的干扰。

5) 内衬里

在测量导管的内侧及法兰密封面上，有一层完整的电绝缘衬里。它直接接触被测液体，其作用是增加测量导管的耐腐蚀性，防止感应电势被金属测量导管管壁短路。内衬里材料多为耐腐蚀、耐高温、耐磨的聚四氟乙烯塑料、陶瓷等。

6) 转换器

由液体流动产生的感应电势信号十分微弱，受各种干扰因素的影响很大，转换器的作用就是将感应电势信号放大并转换成统一的标准信号并抑制主要的干扰信号。其任务是把电极检测到的感应电势信号 E_x 经放大转换成统一的标准直流信号。

3. 电磁流量计的特点

(1) 优点。

① 电磁流量计可用来测量工业导电液体或浆液。

② 无压力损失。

③ 测量范围大，电磁流量变送器的口径为 2.5mm～2.6m。

④ 电磁流量计测量被测流体工作状态下的体积流量，测量原理中不涉及流体的温度、压力、密度和黏度的影响。

(2) 缺点。

① 电磁流量计的应用有一定局限性，它只能测量导电介质的液体流量，不能测量非导电介质的流量，例如，气体和水处理较好的供热用水。另外在

高温条件下其衬里需考虑。

② 电磁流量计是通过测量导电液体的速度来确定工作状态下的体积流量。按照计量要求，对于液态介质，应测量质量流量，测量介质流量应涉及流体的密度，不同流体介质具有不同的密度，而且随温度变化。如果电磁流量计转换器不考虑流体密度，仅给出常温状态下的体积流量是不合适的。

③ 电磁流量计的安装与调试比其他流量计复杂，且要求更严格。变送器和转换器必须配套使用，两者之间不能用两种不同型号的仪表配用。在安装变送器时，从安装地点的选择到具体的安装调试，必须严格按照产品说明书要求进行。安装地点不能有振动，不能有强磁场。在安装时必须使变送器和管道有良好的接触及良好的接地。变送器的电位与被测流体等电位。在使用时，必须排尽测量管中存留的气体，否则会造成较大的测量误差。

④ 电磁流量计用来测量带有污垢的黏性液体时，黏性物或沉淀物附着在测量管内壁或电极上，使变送器输出电势变化，带来测量误差，电极上污垢物达到一定厚度，可能导致仪表无法测量。

⑤ 供水管道结垢或磨损改变内径尺寸，将影响原定的流量值，造成测量误差。如 100mm 口径仪表内径变化 1mm 会带来约 2%附加误差。

⑥ 变送器的测量信号为很小的毫伏级电势信号，除流量信号外，还夹杂一些与流量无关的信号，如同相电压、正交电压及共模电压等。为了准确测量流量，必须消除各种干扰信号，有效放大流量信号。应该提高流量转换器的性能，最好采用微处理机型的转换器，用它来控制励磁电压，按被测流体性质选择励磁方式和频率，可以排除同相干扰和正交干扰。但改进的仪表结构复杂，成本较高。

⑦ 价格较高。

2.5　转速测量

转速通常是指单位时间内旋转机械转轴的平均旋转速度，而不是瞬时旋转速度。转速的单位是 r/min。在动力工程中，考察动力机械(如汽轮机、燃气轮机、内燃机等)和流体机械(如风机、水泵等)的性能时，转速是一个重要的特征参数。此外，根据它们与转速的函数关系来确定动力机械的许多特性参数，例如，压缩机的排气量、轴功率、内燃机的输出功率等，而且动力机械的振动、管道的气流脉动、各种工作零件的磨损状态等都与转速密切相关。因此转速是表征动力机械性能的重要参数，也是表征机器设计和制造水平的重要标志。

转速的测量在动力机械的性能测试中占有重要的地位。一般来说，转速大多是采用间接方法测量得到的，即通过各类传感器将转速转化为机械量、电磁量、光学量等，然后再通过模拟或者数字方法进行显示与记录。

转速测量的方法很多，测量仪表的形式多种多样，其使用条件和测量精度也各不相同。根据工作方式的不同，转速测量可分为两大类：接触测量和非接触测量。接触测量是指在使用时必须与被测轴直接接触，如离心式转速表、磁性转速表及测速发电机等；非接触测量是指在使用时不必与被测轴接触，如光电式、电磁感应式和霍尔式转速传感器及闪光测速仪等。

2.5.1　电磁感应式传感器

电磁感应式传感器是利用电磁感应原理，将输入的运动速度转换成感应电势输出的传感器。它不需要辅助电源，就能把被测对象的机械能转换成易于测量的电信号，是一种有源传感器。由于它有较大的输出功率，故配用电路较简单，零位及性能稳定，工作频率一般为 5～500Hz，但由于电磁感应式传感器对转轴有一定的阻力矩，并且低速时其输出信号较小，因此不适于低转速和小转矩轴的测量。

电磁感应式传感器有变磁通和恒磁通两种结构形式，构成测量线速度或角速度的电磁感应式传感器。

1. 恒磁通结构

在恒磁通式结构中，工作气隙中的磁通恒定，通过线圈和磁铁间的相对运动，从而在线圈中产生感应电动势，其结构如图 2-50(a)所示。线圈中感应电势的大小与线圈和磁场间的相对运动速度有关，即

$$e = -WBL\frac{\mathrm{d}x}{\mathrm{d}t} \quad 或 \quad e = -WBL\frac{\mathrm{d}\theta}{\mathrm{d}t} \tag{2-5-1}$$

式中，x 为线位移尺度，θ 为角位移尺度，W 为线圈匝数，B 为磁场强度，L 为磁场中导体的长度。

当传感器的结构确定后，B、L、W 均为常数，所以，线圈中感应电势的大小与线圈对磁场的相对运动速度 $\mathrm{d}x/\mathrm{d}t$ 或 $\mathrm{d}\theta/\mathrm{d}t$ 成正比。利用这个特点，电磁感式传感器可以测量线速度或角速度。如果在输出端加上一个微分电路或积分电路，就可以用来测量加速度和位移。

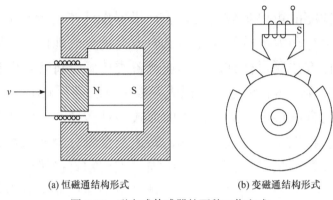

(a) 恒磁通结构形式　　　　　　　　(b) 变磁通结构形式

图 2-50　磁电式传感器的两种工作方式

2. 变磁通结构

在变磁通结构中,永久磁铁和线圈均固定,动铁心上若有凸起的铁磁物(如齿轮),则可在其近旁安装绕有线圈的磁铁,如图 2-50(b)所示。当齿轮绕转动轴旋转时,每移过一个齿牙时,在线圈中就感应一个电势脉冲。如果将单位时间内的脉冲数除以齿数,则表示该旋转轴的运动频率。显然齿数越多,分辨率越高。

2.5.2　光电式传感器

光电式传感器是利用某些金属材料或半导体的光电效应制成的。当具有一定能量的光子投射到这些物质表面时,具有辐射能量的微粒将透过受光物质的表面层,赋予这些物质的电子以附加能量,或者改变物质的电阻大小,或者产生电动势,从而实现光电转换过程。

在转速测量系统中,通过安装在被测轴上的多孔圆盘将连续光调制成光脉冲信号。光通量的强弱变化使光电元件(如光电池、光电二极管、光电三极管、光敏电阻等)产生与被测轴转速成比例的电脉冲信号,经整形放大电路和数字式频率计即可显示出相应的转速值。常用的转速传感器有反射式和透射式两种,反射式光电传感器结构示意图如图 2-51(a)所示。当被测转轴 8 旋转时,光源 1 所发出的光束,经透镜 2、6 聚光到黑白相间的圆盘 7 上,当光束恰好与转轴上的白色条纹相遇时,光束被反射,经过透镜 6,部分光线通过半透半反膜 5 和透镜 3 聚焦后照射到光电三极管 4 上,使光电三极管电流增大。而当聚光后的光束照射到转轴圆盘 7 上的黑色条纹时,光线被吸收而不反射回来,此时流经光电三极管的电流不变,因此在光电三极管上输出与转速成比例的电脉冲信号,其脉冲频率与转轴的转速和白色条纹的数目成正比。

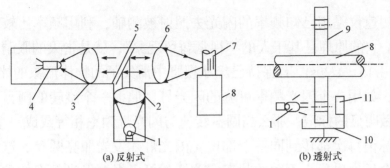

(a) 反射式   (b) 透射式

图 2-51　光电式传感器结构示意图

1-光源；2、3、6-透镜；4-光电三极管；5-半透半反膜；7-黑白相间的圆盘；
8-被测转轴；9-多孔圆盘；10-支架；11-硅光电池

图 2-51(b)为透射式光电传感器结构示意图。当多孔圆盘 9 随转轴 8 旋转时，硅光电池 11 交替受到光照，产生交替变换的光电动势，从而形成与转速成比例的脉冲电信号，其脉冲信号的频率正比于转轴的转速和多孔圆盘的透光孔数。

2.5.3　霍尔式转速传感器

霍尔式转速传感器的工作原理是基于某些材料的霍尔效应(图 2-52)。所谓霍尔效应，是指磁场作用于载流金属导体、半导体中的载流子时，产生横向电位差的物理现象。霍尔元件结构牢固、体积小、重量轻、寿命长、功耗小、频率高(可达 1MHz)。此外，霍尔元件耐振动，不怕灰尘、油污、水汽及盐雾等的污染或腐蚀。霍尔转速传感器原理示意图，如图 2-52 所示，它是利用霍尔转速传感器的开关特性工作的。永磁体粘贴在非磁性材料制作的圆盘上部，或粘贴在圆盘的边缘。霍尔转速传感器的感应面对准永磁体的磁极并固定在机架上，机轴旋转便带动永磁体旋转。每当永磁体经过传感器位置时，霍尔式转速传感器就会输出一个脉冲。用计数器记下脉冲数，便可知道转轴转了多少圈。单位时间的脉冲数便表示被测旋转体的转速。

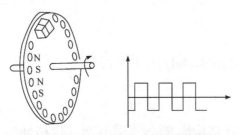

图 2-52　霍尔式转速传感器工作原理图

2.5.4　闪光测速仪

闪光测速仪是用已知频率的闪光去照射被测轴，利用频率比较的方法来测量转速。它的原理是基于人的"视觉暂留现象"，就是指人的眼睛在很短的时间内(约 1/15～1/20s)，有保持已经从视野中消失了的物体形象的能力。根据这个原理，如用一个闪光频率可调的闪光灯，照射一个旋转的圆盘，并在圆盘上预先做明显的标记，那么当圆盘转速与闪光灯频率相等或成一个倍数时，圆盘上的标记每次都转到同一个部位，闪光灯才发光照亮圆盘。这个标记在视觉中就会呈现出静止不动的状态。这样就可以根据发光频率的大小确定出被测转速。因此闪光测速仪的核心电路是一个频率可调并可显示其读数的振荡电路，该电路用来触发气体闪光管连续闪光。在测量中，可以在转动轴端布置一个圆盘，在上面做明显的条纹或点状标记，也可直接在轴上做标记。如图 2-53(a)所示圆盘图样。

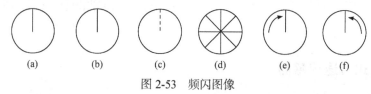

(a)　　　(b)　　　(c)　　　(d)　　　(e)　　　(f)

图 2-53　频闪图像

测量时，使光照射在圆盘上，并逐渐调节闪光频率，直到闪光频率 f 与转速 N 同步，此时可看到一条明显的条纹，如图 2-53(b)所示，这种状态称为单定像。应当注意，当闪光频率等于转速的 $1/n$ 数值时，同样会出现上述的单定像，只是该条纹的光亮度要小于同步时的亮度，且 n 越大，亮度越低，如图 2-53(c)所示。另一种情况，当闪光频率等于转速的 n 倍，条纹数也就由一条变为 n 条，如图 2-53(d)所示，我们称这种情况为 n 重定像。另一有趣的现象是，若 $n>f$，则看到旋转方向同轴的转动方向相同(图 2-53(e))；若 $n<f$，则看到旋转方向与轴转动方向相反(图 2-53(f))。

闪光测速仪的特点是不接触测量物体、测量精度高、量程范围宽、可完成每分钟几百至几十万转的转速测量。

2.5.5　机械式转速表

常用的机械式转速表有离心式和钟表式。

1. 离心式转速表

离心式转速表具有结构简单、使用方便、价格便宜等优点，所以尽管测量精度低，但目前仍广泛地使用着。不过由于它的测量方法为接触式，在测量中会消耗轴的部分功率，因此使用范围受到一定的限制。

离心式转速表主要由机心、变速器和指示器三部分组成，如图 2-54 所示。重锤利用连杆与活动套环及固定套环连接，固定套环装在离心器轴上，离心器通过变速器从输入轴获得转速。

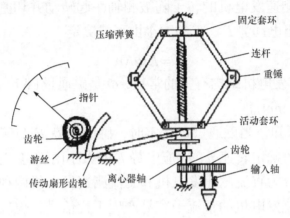

图 2-54　圆锥形离心转速表原理

另外还有传动扇形齿轮、游丝、指针等装置。离心式转速表的外形如图 2-54 所示。为使转速表与被测轴能够可靠接触，转速表都配有不同的接触头。使用时可根据被测对象选择合适的接触头安装在转速表输入轴上。

沿径向固定的重锤感受旋转速度 ω 而产生离心力 F ，使得重锤向外张开并带动指针向上移动而迫使弹簧变形，当弹簧力与离心力平衡时，指针便停留在一个固定位置，这样就把速度转换成了线位移，从而测出转速。

当旋转轴随被测物体一起转动时，重锤(质量 m)旋转产生离心力 F，并与旋转角速度成比例，离心力 F 的大小由式(2-5-2)决定

$$F = mr\omega^2 = mr\left(\frac{\pi n}{60}\right)^2 \tag{2-5-2}$$

式中，m 是旋转体的质量(kg)，r 是重块 m 的重心至转轴中心的距离 (m)，ω 是旋转角速度(1/s)，n 是旋转轴的转速(r/min)。由式(2-5-2)可知，离心力 F 的大小与转速的平方成正比，所以转速的测量实质就是离心力 F 的测量。

2. 钟表式转速表

钟表式转速表的工作原理是在一定时间间隔内，通过记录下旋转轴转过的圈数来测量转速，它所测量的是某段时间内的平均转速值，如 3s、6s 等。

钟表式转速表的使用方法与离心式转速表相同，且钟表式转速表的测量范围可达 10000r/min，测量精度为 ± 0.5%以内。它的使用方法与离心式转速表相同。

2.5.6　发电式转速表

发电式转速表是由测速发电机和显示仪器组成。测速发电机的转子与被测轴相连接，当测速发电机的转子随被测轴一起转动并切割磁力线时，在转子线圈中就感应出电动势E，E的大小由下式决定

$$E = K\Phi Nn \tag{2-5-3}$$

式中，K是与测速发电机结构有关的常数，Φ是磁通量(Wb)，N是线圈匝数，n为被测轴转速(r/min)。

由式(2-5-3)可知，当磁通量Φ一定时，感应电势E与转速n成正比，因此根据E的大小可确定转速n。感应电势E的大小由磁电式伏特计来测量。

测速发电机分为直流测速发电机和交流测速发电机两种。与交流测速发电机相比较，直流发电机的整流子容易产生干扰信号，也较易出毛病，故常采用交流测速发电机。测速电机在使用过程中容易受环境温度、湿度及电的干扰，其误差为 1%~2%，测速范围在 5000r/min 以下，并且要吸收掉一部分被测轴的旋转功率，在一般稳定转速测量中用的不多，但在瞬变转速的测量中却有反应快、信号易于采集记录等优点。

2.6　功　率　测　量

在动力工程中，功率是表征动力机械性能的一个关键参数。对内燃机、涡轮机而言是指其单位时间发出的功，对压缩机及风机来说是指其单位时间吸收的功。功率的测量方法应根据实验的具体对象来选定，通常分为三种。①发电装置往往通过测量电机的电功率来确定动力机械的输出功率；②当不能直接测量功率时，可采用热平衡法间接确定其功率；③在实验室中常用测量转矩和转速的方法间接测定功率。

动力机械轴功率可由式(2-6-1)确定：

$$N_e = M_e \omega = \frac{2\pi M_e n}{60 \times 10^3} \tag{2-6-1}$$

式中，N_e是动力机械轴所传递的功率(kW)，M_e是转矩(N·m)，ω是角速度(rad/s)，n是转速(r/min)。

由式(2-6-1)可知，只要分别测量出转速及转矩值，便可根据式(2-6-1)计算

得到功率。转速测量可采用各种转速表进行，这在 2.5 节已经进行了介绍，因此本节重点讲述转矩的测量方法。

2.6.1　转矩测量概述

转矩测量不仅是为了确定旋转机械的功率，而且是各种工作机械传送轴的基本载荷形式，与动力机械的工作能力、能源消耗、效率、工作寿命及安全性能等密切相关。

转矩的测量方法分为平衡力法、能量转换法和传递法三种。其中，传递法涉及的转矩测量仪器种类最多，应用也最为广泛。

通过测量机体上的平衡力矩来确定动力机械主轴上工作转矩的方法称为平衡力法。平衡力法直接从机体上测转矩，不存在从旋转件到静止件的转矩传递问题，但它仅适合测量匀速工作情况下的转矩，不能测动态转矩。

能量转换法是依据能量守恒定律，通过测量其他形式的能量，如电能、热能参数来测量旋转机械的机械能，进而求得转矩的方法。从能量转换的本质上讲，能量转换法实际上是对功率和转速进行测量的方法。这种方法一般只用于电动机和流体机械等方面。

传递法是利用弹性元件来传递转矩，在传递转矩时，弹性元件的某些物理参数会发生相应变化，然后根据这些参数的变化与转矩的关系来测量转矩。以下介绍基于传递法原理的几种转矩测量方法和仪器。

2.6.2　转矩仪

转矩仪是一种专门用于转矩测量的仪表，它可同时完成转矩及转速的测量，并经换算输出功率值。转矩传感器是转矩仪的核心器件，目前各种测量转矩用的转矩传感器尽管形式、结构各异，但都是通过测量轴扭转角或轴表面切应力这两个量来确定转矩 M 的。以测量剪切应力为主要特征的转矩传感器有电阻应变片式、扭磁式等，而以测量轴扭转角为特征的转矩传感器有相位差式、弦振动式等。

转矩仪作为一种传递式测功仪器，其本身不吸收原动机的输出功率，各类转矩仪的工作原理都是基于下述的力学原理。由材料力学可知，轴在受到转矩作用时的扭转角或剪切应力与它所传递的转矩有如下线性关系：

$$\varphi = \frac{Ml}{GI_P} = \frac{32Ml}{\pi d^4 G} = K_1 M \tag{2-6-2}$$

式中，φ 是受扭轴段二截面相对扭转角，G 是剪切模量，d 是轴外径，M 是转轴所受的转矩，l 是受扭轴段的长度，I_P 是极惯性矩，K_1 是常数。

受扭轴表面的剪切应力为

$$\tau = \frac{16M}{\pi^3 d} = K_2 M \tag{2-6-3}$$

式中，K_2 是常数。

由式(2-6-2)及式(2-6-3)可以看出，对一几何尺寸固定的传动轴来说，只要测得了 φ 或 τ，便可以求得转矩 M。

1. 应变片式转矩传感器

应变式转矩测量通过测量转矩作用在转轴上产生的应变来测量转矩。图 2-55 所示为应变片式转矩传感器，在沿轴向 ±45° 方向上分别粘贴四个应变片，构成全桥电路，输出与转矩 M 成正比的电压信号。

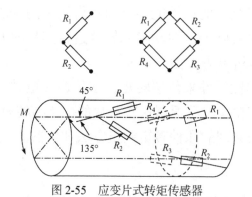

图 2-55　应变片式转矩传感器

转矩测量和一般应力测量的不同之处在于，贴在转轴上的电阻应变片与电阻应变仪之间可以用导线直接传递信号和供给电源，而测量转矩时，因为转动轴是不断旋转的，转矩传感器与电阻应变仪之间不能单独靠导线来传递信号，而是要通过集流环。集流环存在触电磨损和信号不稳定的问题，不适用于测量高速转轴的转矩。近年来，无接触集流环及无线电应变测量技术的迅速发展，应变式转矩传感器结构变得更为简单，测量精度更高，应用更为广泛。

2. 相位差式转矩传感器

相位差式转矩传感器通过测量受扭轴段长度上两断面的相对扭转角来实现转矩测量。从工作原理上来看，相位差式转矩传感器的结构比较简单，

图 2-56 为其工作原理图。

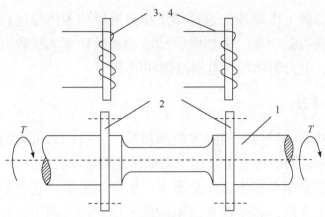

图 2-56　相位差式转矩传感器工作原理图
1-扭力轴；2-齿轮；3、4-磁电感应式脉冲传感器

　　它在被测轴相距 l 的两端分别装有软磁材料制造的齿轮 2，在齿轮上方有两组磁电感应式脉冲传感器 3 和 4，这种传感器我们在 2.5 节中曾介绍过，这里不再详述其工作原理。当转轮的齿顶对准磁电感应式传感器中永久磁铁的磁极时，磁路气隙减小，磁阻减小，磁通增大；当转轮转过半个齿距时，齿根对准磁极，磁路气隙增大，磁通减小，变化到磁通在感应线圈中产生感应电动势。

　　当有转矩作用时，两转轮之间就产生相对角位移，两个脉冲发生器的输出感应电动势出现与转矩成比例的相位差，设转轮齿数为 N，则相位差为

$$\Delta\theta = N \cdot \varphi \tag{2-6-4}$$

代入式(2-6-2)，得

$$M = \frac{\pi d^4 G}{32Nl} \cdot \Delta\theta \tag{2-6-5}$$

可见，只要测出相位差就可以测得转矩。

　　根据采用磁电传感器的相位差式转矩传感器的工作原理，我们很容易想到可以采用光电传感器来代替磁电传感器，并相应地把齿轮改为带透光孔或槽的分度盘，这就成为光电式相位差转矩传感器。

　　商品化的相位差式转矩传感器都有与之配套的二次仪表，可用数字直接显示出转矩值和转速值，其测量范围可由 1N·m 到数千牛米。转矩仪工作可靠、抗干扰能力强、稳定性好、测量精度高，在动力机械实验中得到了广泛的应用。

2.6.3　吸收型测功器

吸收型测功器工作原理为通过测量动力机械功率传递过程中的驱动力矩或制动力矩而获得其功率。根据吸收型测功器对功率的吸收方式不同，可分为水力测功器、电力测功器、电涡流测功器等。

1. 水力测功器

水力测功器是一种典型的吸收型测功器，它将动力机械的输出功率转变成为热量消耗掉，同时在这个过程中完成转矩测量。

水力测功器是用水作为工作介质来产生制动力矩。它主要由转子和外壳两部分组成。工作时，转子在充满水的定子中旋转，利用物体在水中运动所受到的阻力来对输出功率的动力机械施加反转矩，从而吸收其功率。图 2-57 为水力测功器工作原理结构简图，水流通过进水量调节阀 2 进入水力测功器水腔中，当转子轴 1 随发动机轴一起旋转时(水力测功器的主轴与发动机轴用联轴节连接)，在离心惯性力的作用下，水被甩向水腔外缘，形成厚度为 h 的水环，水力测功器机壳内设置有定搅棒 4，主轴上固定有动搅棒 3，搅棒的作用增加了水对旋转轴的阻力。在主轴转速一定的条件下，水层厚度越大，测功器对动力机械所施加的阻力矩就越大。水层厚度可通过调节进水量及排水量来控制。水力测功器对运动机械旋转轴所施加的阻尼力矩由挂重 6 通过连接在外壳上的传动臂 5 来施加。测功器外壳由轴承支承，处于浮动状态。

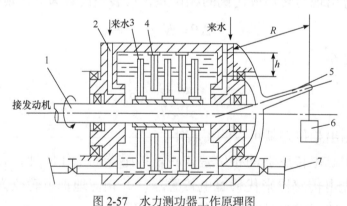

图 2-57　水力测功器工作原理图

1-转子轴；2-进水量调节阀；3-动搅棒；4-定搅棒；5-传动臂；6-挂重；7-排水量调阀

测功器所吸收的功率会使水的温度升高，工作后温度较高的水从转子外缘排出。水力测功器的耗水量可根据测功器的进、排水温度和吸收的功率由热平衡方程计算得出。

由于水力测功器具有结构简单、工作可靠、价格便宜、功率储备大、使用方便等优点，在内燃机等动力机械实验中得到广泛的应用。但传统水力测功器的转矩值由磅秤机构及面板指针读出，测量精度较低，且不能进行反拖实验，实验中能量不能回收，它逐渐被新一代智能型水力测功器所替代。

2. 电力测功器

电力测功器的工作原理和普通发电机或电动机基本相同。将原动机的功转变为发电机的电能，或将电动机的电能转变为动力机械的功。由于电动机中定子与转子之间的作用力与反作用力大小相等、方向相反，所以只要将其定子做成自由摆动的，即可测定转子的制动力矩或驱动力矩。

从理论上讲，当使用电力测功器作为发电机使用来进行测量时，我们只需给测功器接一负载电阻，测出流经此电阻的电流及端电压可得出测功器的功率，再将测功器的电机效率这一因素考虑进去，便可轻易地求得被测机械的功率。但实际上，由于电机的效率随负载及转速的大小变化而变化，因此很难精确地确定，所以电力测功器仍采用测量转矩和转速的方法来确定功率。

电力测功器分为交流电力测功器与直流电力测功器两种。它与水力测功器相比有许多优点：在低速运行时有较大的制动转矩，因而测量精度高，可作为电动机倒拖动力机械，扩大了实验功能的范围。交流电力测功器可直接将发动机的功率转化为电能并入电网，有利于节约能源。

1) 直流电力测功器

图 2-58 是直流电力测功器的结构简图，它与普通发电机或电动机的主要不同之处在于其定子外壳被支撑在摆动轴承上，它可以绕轴线自由摆动。在定子外壳上固定有力臂，它与机械式测力机构或力传感器相连，用以测定转矩。

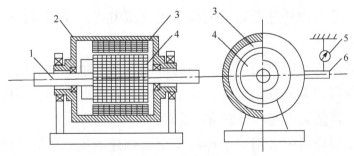

图 2-58　直流电力测功器结构简图
1-转子；2-定子绕组；3-激磁绕组；4-电枢绕组；5-测力机构；6-力臂

直流电力测功器的转子随同动力机械旋转时，电枢绕组切割定子绕组所形成的磁场，在电枢绕组中产生的感应电势 E 为

$$E = C_s \Phi n \tag{2-6-6}$$

式中，C_s 是常数，Φ 是磁极的磁通量，n 是电枢转速。

当电枢绕组有电流流过时，它在磁场中将受到电磁力的作用。如此时测功器电机作为发电机使用，其电枢绕组所受的电磁力产生与转向相反的电磁力矩——制动力矩。如电机作为电动机，则电枢绕组所受的电磁力产生与转向相同的电磁力矩——驱动力矩。电磁电矩 M 为

$$M = C_m \Phi I_s \tag{2-6-7}$$

式中，C_m 是常数，I_s 是电枢电流。

电磁力矩与角速度的乘积为电磁功率，得

$$P = M\omega = EI_s \tag{2-6-8}$$

使用直流电力测功器，需要三相交流电动机提供直流电，以便向直流电机的电枢及激磁绕组供电，还要有大功率的负载电阻吸收电功率。在有些情况下，若希望对电能源回收，还要考虑将测功电机输出的直流电变为交流电反馈回电网，可见其设备费用昂贵的缺点了。

2) 交流电力测功器

从能量回收的角度看，直流电力测功器无法直接在测功时将原动机的功率转变为电能输送到电网中去。为了解决这个矛盾，一种方案是在直流测功器装置中再设置交流机组，用直流发电机带动一直流电动机，再由该直流电动机拖动交流发电机发电并网，来完成能量回收的任务。另一种方案是直接采用交流电力测功器。在电力测功器中应用交流电机存在一个问题，即交流电机实现较大范围内转速及负荷的调节比直流电机调速困难得多，需配备专用的装置。

在测功器作为发电机使用时，原动机的转速必须高于发电机的同步转速才能发电，所以，若要在较宽的转速范围内均可以向电网反馈电能，需配置变频设备，这将使交流测功器的成本提高。

目前，在测功器中采用了一种新型交流调速电机，它是一种可控硅无整流子电机，简称 SCR 电机。它具有直流电机的调速性能，即只要改变电机

电压或激磁电流的大小,便可在广阔的范围内进行无级调速,且调速精度高、反应速度快。采用 SCR 电机的测功器即可做电动机又可做发电机反馈电能。并且它的转速—转矩、转速—功率的特性可以任意调节,是一种理想的测功器。

3. 电涡流测功器

除了水力、电力测功器外,另一种常用的测功器是电涡流式测功器。它由电涡流制动器、测力机构及控制柜组成。这种测功器虽不能像电力测功器那样回收能量,也不能用来驱动动力机械,但它的体积小、结构简单、测量精度高,只用很少的电能就可以控制较大的制动力矩,其消耗功率仅占制动功率的 0.5%~1%,这对于实现自动化控制是很有意义的,它在柴油机及燃气轮机的功率测量中得到了广泛的应用。

置于交变磁场中的金属内部会感生出闭合电流,这种闭合电流就称为电涡流。电涡流测功器就是利用电涡流的形成吸收动力机械的输出功率。图 2-59 为电涡流测功器的工作原理简图。

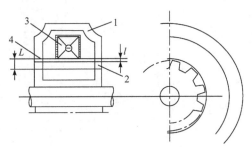

图 2-59　电涡流测功器工作原理简图
1-定子磁轭；2-齿轮转子；3-涡流环；4-激磁线圈

电涡流测功器主要由定子磁轭、激磁线圈、涡流环、齿轮转子(又称感应子)及其他一些部分,如水冷却系统、力矩测量的磅秤机构等装置组成。当直流电流经激磁线圈 3 时,磁力线便由定子磁轭 1、涡流环 3,经空气隙通过齿轮转子 2 形成了闭合回路。当转子旋转时,由于磁阻的变化,穿过涡流环的磁力线的密度便产生强烈变化。在磁回路中,涡流环是由高导电材料制成的,于是在涡流环中便产生了强烈的电涡流。我们知道,在磁场中运动的闭合导体会形成电流,而在形成电流的同时其运动将受到阻力,为了维持其运动,外界要克服该阻力;同理,涡流测功器中的转子在转动时相当于有一个旋转着的磁场作用于涡流环上,因为涡流环是固定于测功器外壳上的,这样，转子便受到了制动力矩。同水力、电力测功器一样，该力矩可以通过测功器外壳的测力机构测出，制动力矩的大小可以通过改变激磁线圈的电流来调节。

电涡流测功器具有精度高、振动小、结构简单、体积小、耗电少等特点，并将具有很大的转速范围和功率范围，转速可达 1000～25000 r/min ，甚至更高，功率可达 5000 kW ，但该种测功器只能将发电机的功率转换成热量消耗掉而不能发出电力，也不能作为电动机倒拖发动机。

第 3 章　热力学实验

热力学实验包括测定工质的热力学性质和研究热力过程等内容。例如，测定气体的 p-v-t 关系、测定能量转换效率等实验工作，它对研究工质的热力学性质具有重要的意义。

3.1　基于绝热蒸发过程的空气湿度测定实验

1. 实验目的

(1) 了解基于绝热蒸发过程的空气湿度测定装置的构成和基本原理。

(2) 熟悉实验的操作流程和仪器的使用方法。

(3) 利用绝热饱和过程求解含湿量或相对湿度，了解相对湿度和含湿量与可测量(如温度和压力等)间的关系。

2. 实验仪器

基于绝热蒸发过程的空气湿度测定实验台(以下简称"空气湿度仪")以水和压缩空气为介质，测量在一定的温度及一定压力条件下的空气湿度。空气湿度仪由储水罐、水泵、亚克力罐、喷嘴、进气阀、减压阀、出气手动阀、台架、传感器和测量系统等组成。

3. 实验原理

如图 3-1 所示，系统由一个装满水的隔热管道组成。温度为 T_1、含湿度为 w_1 的非饱和稳流空气通过该管道，w_1 是需求解的参数。当空气流过水面时，一些水会蒸发并与空气流混合，在这个过程中，空气中的水分增加，而温度降低，因为那部分水蒸发所需的热量来自空气，如果管道足够长，空气将成为温度 T_2 下的饱和空气，T_2 称为绝热饱和温度。

如果水补充给管道的速率等于 T_2 温度下水蒸发的速率，上述绝热过程可作为稳流过程。该过程无热量和功的相互交换，动能和重力位能的变化也可忽略。所以，这个双进口、单出口的稳流系统的质量能量守恒关系可以简化。

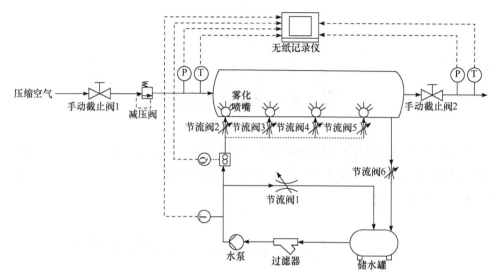

图 3-1 实验台工作原理图

由于干空气流速恒定，其质量守恒为

$$\dot{m}_{a1} = \dot{m}_{a2} = \dot{m}_a \tag{3-1-1}$$

$$\dot{m}_{w1} + \dot{m}_f = \dot{m}_{w2} \tag{3-1-2}$$

式中，下标 a 表示干空气，w 表示空气中的水蒸气。也就是说，空气中水蒸气的质量流量按照蒸发的速率 $\dot{m}_f$ 增长，即

$$\dot{m}_a w_1 + \dot{m}_f = \dot{m}_a w_2 \tag{3-1-3}$$

则

$$\dot{m}_f = \dot{m}_a(w_2 - w_1) \tag{3-1-4}$$

由开口系统能量方程可得

$$\dot{m}_a h_1 + \dot{m}_f h_f = \dot{m}_a h_2 \tag{3-1-5}$$

由式(3-1-4)和式(3-1-5)可得

$$\dot{m}_a h_1 + \dot{m}_a(w_2 - w_1)h_f = \dot{m}_a h_2 \tag{3-1-6}$$

进一步展开为

$$h_{a1} + w_1 h_{g1} + (w_2 - w_1)h_f = h_{a2} + w_2 h_{g2}$$

即

$$w_1 = \frac{c_p(T_2 - T_1) + w_2(h_{g2} - h_f)}{h_{g1} - h_f} \tag{3-1-7}$$

式中，c_p 是干空气比定压热容，含湿量 w_2 由式(3-1-8)计算

$$w_2 = 0.622 \frac{p_{g2}}{p_2 - p_{g2}} \tag{3-1-8}$$

4. 实验操作流程

(1) 接入气源和电源。

(2) 打开无纸记录仪电源开关，上为无纸记录仪"电源"按钮，下为水泵"启动"按钮。

(3) 打开手动截止阀1，根据测试需求，调节减压阀后压力。

(4) 打开水泵开关，按"启动"按钮。

(5) 根据入口流量，调节节流阀1开度，达到实验要求值。

(6) 根据亚克力罐底部水量，分别调节节流阀2、节流阀3、节流阀4和节流阀5开度大小。

(7) 根据实验压力需求，调节手动截止阀2大小。

(8) 记录数值，完成实验。

5. 无纸记录仪操作流程

无纸记录仪为触控屏，使用触控操作。在进行实验时，首先打开电源，然后可进行以下相关操作。

(1) 点击"设置"图标，进行"参数设置"和"系统设置"。

(2) 点击进入后，直接点击"确定"，即可进行设置操作。

(3) 进入界面后，可进行参数设置和系统设置，包括各通道换算关系、存储时间等。

6. 数据记录、处理与分析

数据记录见表3-1。

表 3-1 数据记录表

实验次数	入口气压 P_1/bar	入口气温 T_1/℃	入口含湿量 w_1/(g/kg)	出口气压 P_2/bar	出口气温 T_2/℃	出口含湿量 w_2/(g/kg)

注：大气压力 P_b=1.0005bar，表中 P_1、P_2 均为表压，实际计算时需加上大气压 P_b。

7. 误差分析

(1) 测量仪表、传感器精度引起的误差。

(2) 仪器未调试完毕或仪器部分故障引起的误差表现为入口水温随入口气压的增加而下降，出口压力始终为零，使得入口含湿量未稳定在一定数值范围内波动而是不断下降。

8. 问题讨论

(1) 若非饱和非稳流空气通过该管道，对 W_1 的求解有什么影响？

(2) 非饱和稳流空气形成饱和空气的过程中，会受到哪些因素的影响？

9. 注意事项

进行实验时，为保障人员安全和设备可靠性，需注意以下事项。

(1) 湿手时，不可进行插、拔电源操作。

(2) 需在设备使用极限范围内进行实验。

(3) 手动截止阀 2 不可全闭。

(4) 实验完成后，切断电源和气源。

3.2　太阳光热动力系统效率测定实验

1. 实验目的

(1) 学习太阳能热推进技术中光热转换、能量利用效率及推力器结构设计等方面的科学问题。

(2) 学习太阳能热推进的较高比冲和牛级推力性能。

2. 实验仪器

太阳能热推进实验系统主要由推进剂供应系统(氮气钢瓶、减压阀、储气瓶、压力表、截止阀)、推力测试平台(数据采集卡、传感器、数据导线及相应的采集软件)、真空舱及真空泵、氙灯光源系统及推力器构成。

3. 实验原理

如图 3-2 所示，太阳能热推进实验系统主要分为太阳光传输与收集、吸收器/推力室、推进剂供应系统。一次聚光后的阳光经石英玻璃进入真空舱，被二次聚光后，光线加热工质，工质受热向外做功产生推力。

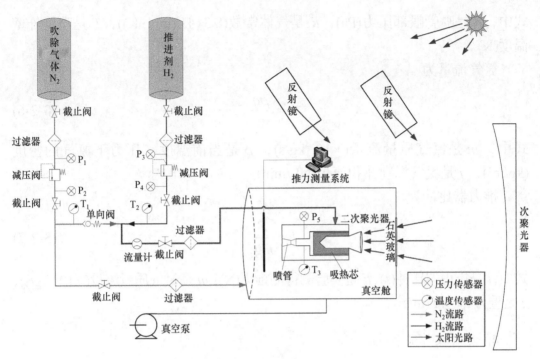

图 3-2　太阳能热推进实验系统示意图

推力器性能通过比冲来衡量

$$I_{sp} = \frac{F}{\dot{m}g} \tag{3-2-1}$$

式中，F 是推力器的推力，$\dot{m}$ 是推进剂的质量流量。

推力定义为

$$F = \dot{m}u_e + (p_e - p_a)A_e \tag{3-2-2}$$

式中

$$u_e = \sqrt{\frac{2\gamma RT_c}{(\gamma-1)M}\left[1-\left(\frac{p_e}{p_c}\right)^{\frac{\gamma-1}{\gamma}}\right]} \tag{3-2-3}$$

比冲可表示为

$$I_{sp} = \sqrt{\frac{2\gamma RT_c}{(\gamma-1)g^2 M}\left[1-\left(\frac{p_e}{p_c}\right)^{\frac{\gamma-1}{\gamma}}\right]} \tag{3-2-4}$$

氮气密度为

$$\rho = \frac{28p}{RT} \tag{3-2-5}$$

式中，p 是喷管喉部压力(Pa)，R 是气体常数(8.314J/(mol·K))，T 是喷管外壁温度(K)。

氮气流量为

$$\dot{m} = \frac{\rho q}{6} \tag{3-2-6}$$

式中，$\dot{m}$ 是氮气质量流量($\times 10^{-4}$kg/s)，ρ 是当前温度、压力下氮气的密度(kg/m³)，q 是氮气标准体积流量(NL/min)。

推力器比冲为

$$I = \frac{F}{\dot{m}g} \tag{3-2-7}$$

式中，I 是推力器比冲(s)，F 是实验测得的推力(N)，$\dot{m}$ 是氮气质量流量($\times 10^{-4}$kg/s)，g 是重力加速度(m/s²)。

4. 实验操作流程

1) 实验前准备工作

(1) 接通电源(测控台电源、流量控制器电源、温度及压力记录仪电源)。

(2) 打开推力测试软件，查看流量、推力信号是否处于正常采集状态。

(3) 卸下真空舱有机玻璃盖板，调整推力器喷管出口与推力传感器受力面间距，确保推力值为零的同时间距最小。

(4) 调节减压阀，将推进剂供应系统中氮气出口压力调至 0.4MPa，同时调节流量调节器控制电压至某一值(≤5V)。

(5) 打开流量控制阀，在室压环境下通入氮气，观察推力值变化，若无推力值则可以开始实验，若有推力则需继续调整推力器与推力传感器受力面间距，直至推力值为零。

2) 冷气实验

(1) 将真空舱盖板安装并固定。

(2) 接通真空泵电源，待真空泵正常工作约 5s 后打开真空舱抽气阀门，开始抽气，此时可观察真空舱上部压力表及真空度表读数。

(3) 在推力测试软件中新建一个测试任务。

(4) 待真空度表数值下降至 25Pa 以下时，单击推力测试软件中"开始"按钮，约 5s 后打开流量控制阀，使推进剂进入推力器内，观察推力值与推进剂流量变化，同时记录推力器喷管喉部压力传感器读数。

(5) 通气 5s 左右关闭推进剂流量阀门，单击推力测试软件中"结束"按钮，即完成单次冷气测试实验。

(6) 重复(4)～(5)，通过调节流量控制阀电压，测试不同流量下冷气推力数据。

3) 加热实验

(1) 完成冷气实验后，待真空舱真空度下降至 25MPa 以下时，可开始加热实验。

(2) 接通氙灯光源系统电源，旋转光源功率控制旋钮，进行 1000W 功率条件下加热。

(3) 温度上升期间采用风机对氙灯加热部位进行通风降温，同时在氙灯工作一段时间后先关闭氙灯光源，冷却 1～2min 后再接通电源继续加热，以延长氙灯光源使用寿命。

(4) 通过温度记录仪可直观看到推力器外壁面上 11 个温度测点的温度变化情况，根据实验方案，在不同外壁面温度条件下通入推进剂，按照冷气测量推力的方式进行测试。

(5) 同时可进行不同推进剂流量条件下的加热实验。

(6) 加热实验测试完成后，依次关闭氙灯光源开关、流量控制阀开关、真空舱排气阀门、真空泵电源，让真空舱在接近真空条件下自行降温。

5. 数据记录、处理与分析

1) 数据记录

冷气实验数据记录见表 3-2，同流量变温实验数据记录见表 3-3，同温变流量实验数据记录见表 3-4。

表 3-2　冷气实验数据表

温度/℃					
控制电压/V					
喷管喉部压力/kPa					
推进剂体积流量/(NL·min^{-1})					
推进剂质量流量/(×10^{-4}kg·s^{-1})					
推力/N					
比冲/s					

表 3-3　同流量变温实验数据表

温度/℃				
控制电压/V				
喷管喉部压力/kPa				
推进剂体积流量/(NL·min^{-1})				
推进剂质量流量/($\times 10^{-4}$kg·s^{-1})				
推力/N				
比冲/s				

表 3-4　同温变流量实验数据表

温度/℃				
控制电压/V				
喷管喉部压力/kPa				
推进剂体积流量/(NL·min^{-1})				
推进剂质量流量/($\times 10^{-4}$kg·s^{-1})				
推力/N				
比冲/s				

2)　N-$\dot{m}$、S-$\dot{m}$ 关系曲线

将实验结果点绘在坐标上，清除偏离点，绘制曲线，如图 3-3 和图 3-4 所示。

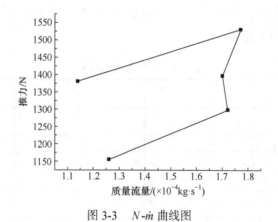

图 3-3　N-$\dot{m}$ 曲线图

3)　数据分析

(1) 分析冷气实验中推力、比冲随推进剂质量流量的变化趋势。

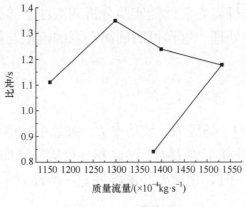

图 3-4　S-$\dot{m}$ 曲线图

(2) 分析加热实验中，在同流量变温与同温变流量条件下推力、比冲随推进剂质量流量的变化趋势。

6. 问题讨论

(1) 为什么太阳光要进行二次聚光?

(2) 实验过程中，需特别注意哪些安全措施?

7. 注意事项

(1) 注意用电安全，操作过程中穿戴防护手套。

(2) 氙灯光源功率较高，光照辐射较强，加热过程中应穿长袖服装，佩戴专用防护面具，避免晒伤。

(3) 注意用气安全，操作减压阀过程中禁止快速旋转，应平稳缓慢旋转，确保气压变化平稳。

(4) 采用氙灯加热过程中，为避免长时间高温工作导致氙灯光源过热而寿命降低，需在加热过程中辅以风机降温，同时应在加热一段时间(30~40min)关闭电源，冷却 1~2min 后再继续加热实验。

(5) 加热实验结束后，为避免真空泵中机油由于真空舱负压而倒吸进入真空舱污染设备，应先将真空舱排气阀门关闭，再切断真空泵电源。

(6) 实验结束后应将减压阀内残余气体排放，延长减压阀使用寿命。

3.3　离心泵能量转换效率测定实验

本实验台主要是针对离心泵工作过程的性能实验和汽蚀过程实验而设

计，在特定情况下进行离心泵性能实验分析和汽蚀实验分析，即在实验过程中采集到相关参数并处理，这样可明确离心泵的流量与扬程、轴功率、泵效率之间的关系。

1. 实验目的

(1) 离心泵流量 Q、扬程 H、轴功率 P、泵效率 η 的测量与计算方法。

(2) 绘制离心泵性能实验 $H\text{-}Q$，$N\text{-}Q$ 和 $\eta\text{-}Q$ 等特征曲线。

(3) 判断汽蚀产生时，记录离心泵流量 Q、扬程 H、有效功率 N 等数据。

2. 实验内容

(1) 离心泵流量—扬程实验。

(2) 离心泵流量—轴功率实验。

(3) 离心泵流量—泵效率实验。

(4) 离心泵汽蚀效应实验。

3. 实验仪器

实验仪器结构如图 3-5 所示。当进行离心泵的效率实验时，通过调节变频电机(13)的转速和出口流量调节阀(15)，测定在不同转速、流量下相应的泵进出口差压变送器(7)(或出口压力传感器(9))、进口压力传感器(8)和出口流量

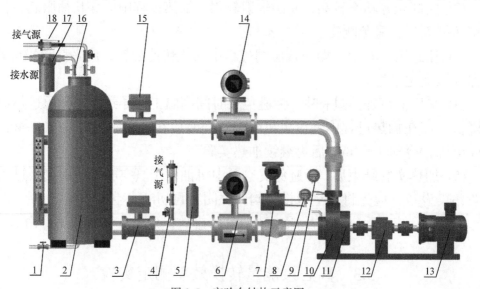

图 3-5　实验台结构示意图

1-排水阀；2-汽蚀罐；3-进口压力调节阀；4-气体减压阀；5-蓄能器；6-进口流量传感器；7-差压变送器；8-进口压力传感器；
9-出口压力传感器；10-离心泵；11-振动传感器；12-转速转矩传感器；13-变频电机；14-出口流量计；15-出口流量调节阀；
16-电动开关阀；17-进水过滤器；18-空气过滤器

计(14)的读数，即可得出一组离心泵的流量 Q、扬程 H、有效功率 N 等数据，可以绘出泵的 H-Q、N-Q 和 η-Q 等特征曲线。

对于离心泵的汽蚀实验，通常是在离心泵正常工作后，通过减小进口压力调节阀(3)，使进口压力减小，由振动传感器(11)测量泵体振动幅度，判断汽蚀产生，并记录离心泵流量 Q、扬程 H、有效功率 N 等数据。

进行离心泵的汽蚀实验时，也可以通过向进口管里直接注入空气来实现。

4. 实验原理

根据具体设备，在其允许范围内确定四种以上不同转速工况进行实验，采集离心泵的流量、进出口压力、转速、转矩等性能参数。根据要求，离心泵性能实验方法如下。

(1) 测试时，流量的选择需从最小工况，即零流量开始，直至高于最大流量 15%。

(2) 离心泵应选取 13 个以上的流量点，各流量点应均匀分布在其性能曲线上。

(3) 在测试过程中，采集数据前应稍做等待，保证测试数据稳定之后再进行采集，在增加或降低流量时都应该间隔一定的时间段，而各个数据的读取则要保持同步。

5. 实验操作流程

1) 性能实验
(1) 准备阶段。
① 将水箱注至实验要求液位。
② 将离心泵进水管压力调节阀、出水管流量调节阀打开。
③ 待离心泵体内充满水后，关闭出水管流量调节阀。
(2) 实验阶段。
① 启动离心泵至实验转速，此时离心泵为空载状态，流量为 0，测量进出口压力及电机输出轴功率。
② 打开出口流量调节阀，选取 ≥13 个流量点，分别测量并记录每一流量点下的进出口压力、流量、电机轴功率，见表 3-5。
③ 调节离心泵转速至下一实验转速，并重复上一步骤直至完成全部实验。

表 3-5　离心泵数据记录表

序号类别	流量/FS	进口压力/kPa	出口压力/kPa	转速/(r/min)	转矩/(N·m)
1					
2					
3					
4					
5					
6					
7					
8					
9					
10					

2) 气蚀实验

(1) 准备阶段。

① 将水箱注至实验要求液位。

② 将离心泵进水管压力调节阀、出水管流量调节阀打开。

③ 待离心泵体内充满水后,关闭出水管流量调节阀。

(2) 实验阶段。

① 启动离心泵至实验转速,此时离心泵为空载状态,流量为 0,测量进出口压力及电机输出轴功率。

② 完全打开出口流量调节阀,通过调小进口压力调节阀,使进口气压减小,直至扬程降低量达到 $\left(2+\dfrac{k}{2}\right)\times H\%$,此时 NPSH(指叶轮进口处工质所具有的超过该温度下工质饱和蒸气压的能量)值即为临界汽蚀余量。

6. 性能参数的测量与计算

在对离心泵进行测试的过程中,主要会出现两类参数,一类是通过采集得到的参数,另一类是需要通过计算才能得到的参数,这两类参数对于离心泵的性能曲线都是至关重要的。表征离心泵工作的主要性能参数有体积流量 Q、扬程 H、轴功率 P 和泵效率 η,其测量和计算如下。

1) 流量的测量

体积流量 Q 是单位时间内从离心泵的出水口排出并进入管道的液体的体

积,体积流量的测量应遵循《水泵流量的测定方法(GB/T3214—2007)》。

2) 扬程 H 的测量与计算

在保证实验台管路是定常圆截面无阻碍直管路的条件下,当入口压力大于大气压时,离心泵扬程 H 的计算公式为

$$H = \frac{P_2 - P_1}{\rho g} + (Z_2 - Z_1) + \frac{V_2^2 - V_1^2}{2g} \tag{3-3-1}$$

式中

$$V_1 = \frac{4Q}{\pi d_1^2} \tag{3-3-2}$$

$$V_2 = \frac{4Q}{\pi d_2^2} \tag{3-3-3}$$

式中,H 是扬程(m),P_1 是进口压力(kPa),P_2 是出口压力(kPa),ρ 是介质密度(kg/m³),g 是重力加速度 $g=9.81\text{m/s}^2$,Z_1 是测量压力 P_1 处距离水泵中心的垂直高度(m),Z_2 是测量压力 P_2 处距离水泵中心的垂直高度(m),V_1 是压力 P_1 测量部位管路内水流的平均速度(m/s),V_2 是压力 P_2 测量部位管路内水流的平均速度(m/s),Q 是流量(m³/s),d_1 是入口测压部位管路内径(m),d_2 是出口测压部位管路内径(m)。

当入口压力小于大气压时,离心泵扬程 H 的计算公式为

$$H = \frac{P_2 - P_1}{\rho g} + Z_2 + \frac{V_2^2 - V_1^2}{2g} \tag{3-3-4}$$

由式(3-3-3)及式(3-3-4)可知,想要计算离心泵的扬程 H,必须测出离心泵的进出口压力 P_1、P_2 以及离心泵的流量 Q,本实验台采用在离心泵的进出口各安装一个压力传感器的方式测量 P_1、P_2 及压差传感器。

3) 轴功率 P 的测量与计算

轴功率 P 是原动机(三相交流异步电动机)输送给泵的功率。离心泵的轴功率 P 的计算公式为

$$P = \frac{Mn}{9550} \tag{3-3-5}$$

式中,P 是轴功率(kW),M 是扭矩(N·m),n 是转速(r/min)。

由式(3-3-5)可知,想要计算出泵的轴功率 P,必须测出离心泵的转速 n 和离心泵的扭转力矩 M。本实验台采用安装于离心泵输出轴端的转矩转速传感

器来测量转速 n 和扭转力矩 M。

4) 离心泵效率 η 的测量与计算

离心泵效率 η 是离心泵的有效功率 P_u 与其轴功率 P(与离心泵相连的电动机输送给离心泵的功率)之间的比值。由于离心泵的工作目的是输送液体,也就是说当液体流经离心泵时,其能量会发生变化,这个变化就可以用液体在单位时间内流经离心泵时所得到的能量来表示。电动机将功率传输给离心泵,经过一定的损耗,离心泵再将其传递给液体工质,由此可知离心泵的有效功率 P_u 即离心泵的输出功率。

经过单位换算后其计算公式为

$$P_u = \frac{\rho g Q H}{60} \times 10^{-6} \tag{3-3-6}$$

式中,P 是离心泵的有效功率(kW),Q 是流量(L/min),H 是扬程(m)。

离心泵效率 η 的计算公式为

$$\eta = \frac{P_u}{P} \times 100\% \tag{3-3-7}$$

式中,η 是离心泵效率(%)。

由式(3-3-6)可知,测得离心泵流量 Q、计算出离心泵的扬程 H 之后,即可得到离心泵的有效功率 P_u,进而由式(3-3-7)可计算出离心泵的效率 η。

7. 数据记录、处理与分析

将测得的实验数据绘制成离心泵的性能曲线,如图 3-6 所示。

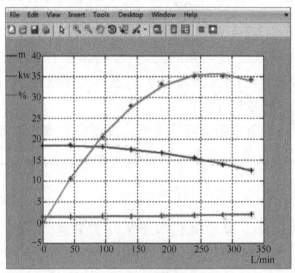

图 3-6　离心泵性能曲线

8. 问题讨论

(1) 测量时，为什么流量的选择需从最小工况，即零流量开始？

(2) 流量调节时，流量点的个数是随机的吗？

3.4　混合比调节器液流模拟实验

1. 实验目的

(1) 混合比调节器液流模拟实验台以水为介质，模拟推进剂在管道和混合比调节器中的流动特性。

(2) 实验装置通过对混合比调节器开度进行控制，通过计算机自动测试系统对混合比调节器流动特性进行实时特性记录。

2. 实验原理

实验台工作原理如图 3-7 所示。

3. 实验操作流程

(1) 根据测试流量范围，在相应测试工位上安装被测产品，连接相应管路和电路。

(2) 观察大罐和小罐液位，液位过低进行补水操作，补水操作时注意打开放气阀。

(3) 关闭放气阀，观察氮气罐和储氮罐压力，压力低于实验需求时，进行制氮和增压操作。

(4) 制氮和增压完成后，打开截止阀 1，依次顺时针旋拧减压阀 3 和减压阀 4，同时观察减压阀后压力，当减压阀后压力稍大于实验需求压力时，停止旋拧。

(5) 打开控制盒电源按钮，依次打开大罐电动阀和小罐电动阀，进行充气操作。

(6) 充气稳定后，依次打开手动截止阀 1 和手动截止阀 2，进行液流模拟实验。

(7) 根据需求，调节节流阀 1、节流阀 2 和节流阀 3 的开度，达到实验参数需求。

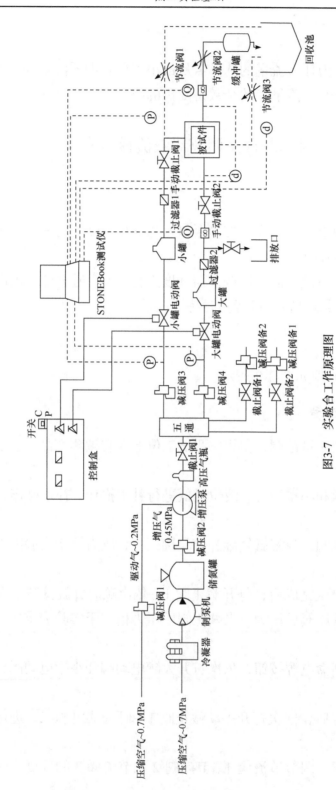

图3-7　实验台工作原理图

注：1. 加注口有过滤器，未画出；2. 两路水路均有排放口，一路未画出。

4. 软件操作流程

1) 数据采集

在进行实验时，首先打开电脑，然后可按以下步骤进行相关操作。

(1) 打开数据采集软件。

(2) 输入账号和密码，均为"lero"。

(3) 进入主界面后，可进行系统设置，包括测试参数信息设置、坐标轴设置等。

(4) 单击主界面蓝色"开始"按钮，进行测试信息设置，可修改设置产品信息和通道信息。

(5) 然后软件开始进行数据采集，当完成测试后，单击"停止"按钮，软件停止工作。

2) 数据处理

在进行数据采集完成后，可按以下步骤进行数据处理操作。

(1) 打开数据采集软件。

(2) 进入主界面后，单击主界面黄色"打开文件夹"按钮，打开自动保存的数据。

(3) 进行数据可视化处理，包括曲线显示、最大值、最小值和平均值等。

5. 问题讨论

实验操作过程中，需注意哪些操作要点和安全措施？

6. 注意事项

进行实验时，为保障人员安全和设备可靠性，需注意以下事项。

(1) 湿手时，不可进行插拔电源操作。

(2) 强电电源，远离实验台架。

(3) 进行高压操作时，需缓慢打开/关闭阀门。

(4) 由于增压过程较慢(大约 8h，可将 1 个氮气瓶增压至 11MPa)，当用气气压较高时，需提前 1 天进行增压操作。

(5) 增压操作用减压阀 2，设定值不宜超过 0.45MPa。

(6) 用泵启动减压阀，旋拧至泵可连续工作即可。

(7) STONEbook 加固电脑后，侧方金属按钮为测试采集开关按钮，测试采集时需按下。

(8) 当发生漏气或漏水时，在确定无危险的情况下，才可进行切断气源、水源和电源操作。

3.5 可视性饱和蒸气压力和温度关系实验

1. 实验目的

(1) 通过观察饱和蒸气压力和温度之间的关系，加深对饱和水、饱和状态的理解，从而建立液体温度达到对应于液面压力的饱和温度时，沸腾现象便会发生的基本概念。

(2) 通过对实验数据的整理，掌握饱和蒸气压 $p\text{-}t$ 关系图表的编制方法。

(3) 学会温度计、压力表、调压器和大气压力计等仪表的使用方法。

(4) 能观察到小容积和金属表面很光滑(汽化核心很小)的饱和态沸腾现象。

2. 实验仪器

实验仪器如图 3-8 所示。

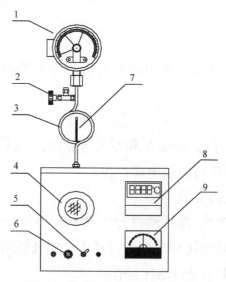

图 3-8　饱和蒸气压 $p\text{-}t$ 关系实验仪

1-压力表(表压范围: $-0.1\sim0\sim10\text{kgf/cm}^2$); 2-排气阀; 3-缓冲器; 4-可视玻璃及蒸气发生器; 5-电源开关; 6-电功率调节; 7-温度计(0~300℃); 8-可控数显温度仪; 9-电压表

3. 实验操作流程

(1) 熟悉实验装置及使用仪表的工作原理和性能。

(2) 将电功率调节器指针调至电压表零位，然后接通电源。

(3) 将调压器输出电压调至 200～220V，待蒸气压力升至一定值时，将电压降至 20～50V 保温，待工况稳定后迅速记录下水蒸气的压力和温度。重复上述实验，在 0～10kgf/cm²(表压)范围内实验不少于 6 次，且实验点应尽量分布均匀。

(4) 实验完毕后，将调压指针旋回零位，并断开电源。

(5) 记录室温和大气压力。

4. 数据记录、处理与分析

1) 数据记录

数据记录见表 3-6。

表 3-6　数据记录表

实验次数	饱和压力/(kgf/cm²)			饱和温度/℃		误差	
	压力表读值 p'	大气压力 B	绝对压力 $p=p'+B$	温度计读值 t'	理论值 t	$\Delta t = t - t'$	$\dfrac{\Delta t}{t} \times 100\%$

2) p-t 关系曲线

将实验结果点绘在坐标上，清除偏离点，绘制曲线，如图 3-9 所示。

3) 误差分析

通过比较发现测量比标准值低 1%左右，引起误差的原因可能有以下三个方面。

(1) 读数误差。

(2) 测量仪表精度引起的误差。

(3) 利用测量管测温所引起的误差。

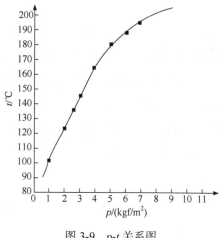

图 3-9　*p-t* 关系图

5. 问题讨论

(1) 如果气腔中包含有空气，对饱和过程会产生什么影响？对测量结果有什么影响？

(2) 对于饱和蒸气压 *p-t* 关系实验过程，应特别注意哪些安全措施？

6. 注意事项

(1) 实验装置通电后必须有专人看管。

(2) 实验装置使用压力为 10kgf/cm²(表压)，不可超压操作。

3.6　气体定压比热测定实验

气体定压比热测定实验中涉及温度、压力、热量(电功)、流量等基本量的测量，计算中用到比热及理想混合气体方面的知识。本实验的目的是增加热物性研究方面的感性认识，培养学生分析问题和解决问题的能力。

1. 实验目的

(1) 了解气体比热测定装置的基本原理和构思。

(2) 熟悉本实验中的测温、测压、测热、测流量的方法。

(3) 掌握由基本数据计算出比热值和求得比热公式的方法。

(4) 分析本实验产生误差的原因及减小误差的可能途径。

2. 实验仪器

实验仪器由风机、U 型压力计、气体流量计、比热仪、功率表及调节阀等组成，如图 3-10 所示。

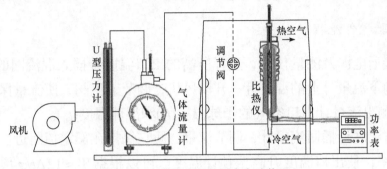

图 3-10　气体定压比热测定实验装置

3. 实验原理

实验时，被测空气(也可以是其他气体)由风机经流量计送入比热仪主体(图 3-11)，经加热、均流、旋流、混流后流出。在此过程中，分别测定：①空气在流量计出口处的干、湿球温度(t_0、t_w)；②气体经比热仪主体的进出口温度(t_1、t_2)；③气体的体积流量($\dot{V}$)；④电热器的输入功率(W)；⑤实验时相应

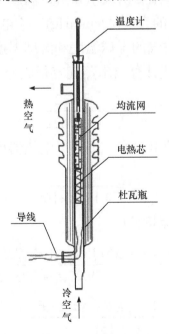

图 3-11　比热仪主体

的大气压(B)和流量计出口处的表压(Δh)。有了这些数据，并查用相应的物性参数，即可计算出被测气体的定压比热(C_{pm})。

气体的流量由节流阀控制，气体出口温度由输入电热器的功率来调节。本比热仪可测300℃以下的空气定压比热。

4. 实验操作流程

(1) 接通电源及测量仪表，选择所需的出口温度计插入混流网的凹槽中。

(2) 摘下流量计上的温度计，开动风机，调节节流阀，使流量保持在额定值附近。测出流量计出口空气的干球温度(t_0)和湿球温度(t_w)。

(3) 将温度计插回流量计，调节流量，使它保持在额定值附近。逐渐提高电热器功率，使出口温度升高至预计温度。可以根据$W \approx 12\Delta t/\tau$预先估计所需电功率。式中，$W$是电热器输入电功率(W)，$\Delta t$是进出口温度差(℃)，$\tau$是每流过10L空气所需的时间(s)。

5. 数据记录、处理与分析

(1) 待出口温度稳定后(出口温度在10min之内无变化或有微小起伏，可视为稳定)，读出下列数据：①每10L空气通过流量计所需时间(τ/s)；②比热仪进口温度(流量计的出口温度(t_1/℃))和出口温度(t_2/℃)；③相应的大气压力(B/mmHg)和流量计出口处的表压(Δh/mmHg)；④电热器的输入功率(W/W)。

(2) 根据流量计出口空气的干球温度和湿球温度，从湿空气的干湿图查出含湿量(d/(g/kg))，根据下式计算出水蒸气容积成分为

$$r_w = \frac{d/622}{1 + d/622}$$

(3) 根据电热器消耗的电功率，可算出电热器单位时间放出的热量为

$$\dot{Q} = \frac{W}{4.1868 \times 10^3}$$

(4) 干空气流量(质量流量)为

$$\dot{G}_g = \frac{P_g \dot{V}}{R_g T_0} = \frac{(1 - r_w)(B + \Delta h/13.6) \times 10^4/735.56 \times 10/(1000\tau)}{29.27(t_0 + 273.15)}$$

$$= \frac{4.6447 \times 10^{-3}(1 - r_w)(B + \Delta h/13.6)}{\tau(t_0 + 273.15)}$$

(5) 水蒸气流量为

$$\dot{G}_w = \frac{P_w \dot{V}}{R_w T_0} = \frac{r_w (B + \Delta h / 13.6) \times 10^4 / 735.56 \times 10 / (1000\tau)}{47.06(t_0 + 273.15)}$$

$$= \frac{2.8889 \times 10^{-3} r_w (B + \Delta h / 13.6)}{\tau(t_0 + 273.15)}$$

(6) 水蒸气吸收的热量为

$$Q_w = \dot{G}_w \int_{t_1}^{t_2} (0.1101 + 0.0001167t) \mathrm{d}t$$

$$= \dot{G}_w [0.4404(t_2 - t_1) + 5.835 \times 10^{-5}(t_2^2 - t_1^2)]$$

(7) 干空气的定压比热为

$$C_{0m}\Big|_{t_1}^{t_2} = \frac{\dot{Q}_g}{\dot{G}_g(t_2 - t_1)} = \frac{\dot{Q} - \dot{Q}_w}{\dot{G}_g(t_2 - t_1)}$$

(8) 计算举例。

某一稳定工况的实测参数如下：

t_0=8℃；t_w=7.5℃；B=748.0mmHg；t_1=8℃；t_2=240.3℃；τ=69.96s/10L；Δh=16mmHg；W=41.84kW。

查干湿图得 d=6.3g/kg 干空气，因此

$$r_w = \frac{6.3 / 622}{1 + 6.3 / 622} = 0.010027$$

$$\dot{Q} = \frac{41.84}{4.1868 \times 10^3} = 9.9938 \times 10^{-3} \text{(kcal/s)}$$

$$\dot{G}_g = \frac{4.6447 \times 10^{-3} \times (1 - 0.010027) \times (748 + 16 / 13.6)}{69.96 \times (8 + 273.15)} = 175.14 \times 10^{-6} \text{(kg/s)}$$

$$\dot{G}_w = \frac{2.8889 \times 10^{-3} \times 0.010027 \times (748 + 16 / 13.6)}{69.96 \times (8 + 273.15)} = 1.1033 \times 10^{-6} \text{(kg/s)}$$

$$\dot{Q}_w = 1.103 \times 10^{-6} \times [0.44 \times (240.3 - 8) + 5.835 \times 10^{-5} \times (240.3 - 8^2)]$$

$$= 0.1166 \times 10^{-3} \text{(kcal/s)}$$

$$C_{0m}\Big|_{t_1}^{t_2} = \frac{9.9938 \times 10^{-3} - 0.1166 \times 10^{-3}}{175.14 \times 10^{-6} \times (240.3 - 8)} = 0.2428 \text{ (kcal/(kg·℃))}$$

(9) 比热随温度的变化关系。

假定在 0～300℃之间，空气的真实定压比热与温度之间近似有线性关系，

则由 t_1 到 t_2 的平均比热为

$$C_{0m}\Big|_{t_1}^{t_2} = \frac{\int_{t_1}^{t_2}(a+bt)\mathrm{d}t}{t_2-t_1} = a+b\frac{t_2+t_1}{2}$$

因此，若以 $\frac{t_2+t_1}{2}$ 为横坐标，$C_{0m}\Big|_{t_1}^{t_2}$ 为纵坐标画图，如图 3-12 所示，则可根据不同的温度范围内的平均比热确定截距 a 和斜率 b，从而得出比热随温度变化的计算式。

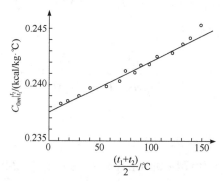

图 3-12　定压比热随温度变化曲线

6. 问题讨论

(1) 电加热器辐射损失对定压比热测定有哪些影响？

(2) 引起空气定压比热测定误差的因素包含哪些？

(3) 影响比热仪出口温度稳定的因素有哪些？

7. 注意事项

(1) 切勿在无气流通过的情况下使电热器投入工作，以免引起局部过热而损坏比热仪主体。

(2) 输入电热器的电压不得超过 220V，气体出口最高温度不得超过 300℃。

(3) 加热和冷却要缓慢进行，防止温度计和比热仪主体因温度快速变化而破裂。

(4) 停止实验时，应切断电热器，让风机继续运行 15min 左右(温度较低时可适当缩短)。

第 4 章　传热学实验

传热学实验主要研究热量在不同物体之间的传递规律，本章实验内容包含热传导、热对流、热辐射等基本传热形式，还涵盖了沸腾和凝结等相变形式的换热。通过该部分的实验，能使学生对热量传递规律产生一定的感性认识，巩固并加深对理论的理解。

4.1　稳态平板法测定绝热材料导热系数实验

1. 实验目的

(1) 学习平板法测定绝热材料导热系数的实验方法。
(2) 测定实验材料导热系数与温度的关系。
(3) 加深对稳定导热过程的基本理论的理解。

2. 实验原理

导热系数是表征一种材料导热能力的物理量。作为材料物性，不同材料的导热系数是不同的；而对同一材料，导热系数也是温度、压力、湿度和物质结构等的函数。

一般情况下，材料的导热系数用实验方法来测定。其中，稳态平板法是一种常用方法。它利用一维稳态导热过程的基本原理，来测定材料的导热系数及其与温度的依变关系。

一维稳态情况下，通过平板的导热量 Q 与平板两面的温差 Δt 成正比，与垂直热流方向的导热面积 F 成正比，与平板的厚度 δ 成反比，与导热系数 λ 成正比。根据这一理论，通过薄壁平板(壁厚 $\delta < 1/10$ 壁面尺度)的稳定导热量为

$$Q = \frac{\lambda}{\delta} \cdot \Delta t \cdot F \tag{4-1-1}$$

如果平板温差 $\Delta t = t_R - t_L$、平板厚度 δ、导热面积 F 和通过平板的热流量 Q 确定后，则导热系数为

$$\lambda = \frac{Q \cdot \delta}{\Delta t \cdot F} \tag{4-1-2}$$

此时所得导热系数是在当前平均温度下材料的导热系数值，此平均温度为

$$\overline{t} = \frac{1}{2}(t_R + t_L) \tag{4-1-3}$$

在不同的温度条件下测定相应的 λ 值，即可得到 $\lambda = f(\overline{t})$ 的关系。

3. 实验仪器

稳态平板法测定绝热材料导热系数的实验仪器如图 4-1 所示，其原理如图 4-2 所示。试件 1 和试件 2 是由待测材料制成的两块方形薄壁平板，试件 1 被夹紧在电加热器的上热平面和上水套的冷平面之间，试件 2 被夹紧在电加热器的下热平面和下水套的冷平面之间。

图 4-1　稳态平板法测定绝热材料导热系数实验台

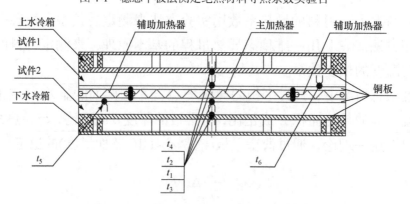

图 4-2　稳态平板法测定导热系数实验原理图

加热器利用薄膜式加热片来实现对绝热材料上、下热平面的加热功能，

而上、下冷却面是通过循环冷却水来实现的。电加热器的上下平面和水套与待测材料的接触面都设有铜板，利用其高导热特性以使温度分布均匀一致。在主加热器四周同时设有辅助电加热器，以免热流量通过旁侧散失。

主加热器的下表面中心温度 t_1、上表面中心温度 t_2、下冷却面的中心温度 t_3、上冷却面的中心温度 t_4 用 4 个温度传感器来测量，辅助加热器 1 和辅助加热器 2 热面的温度 t_5 和 t_6 分别由另外 2 个温度传感器测量。辅助温度传感器信号返回至温度跟踪控制器，与主加热器中心接的主温度传感器信号相比较，通过跟踪器使全部辅助加热器的温度与主加热器相一致。

实验仪器的主要参数包括：①实验材料；②试件外形尺寸；③导热计算面积 F(主加热器的面积)；④试件厚度 δ(实测)；⑤主加热器电阻值；⑥辅助加热器(每个)电阻值；⑦试件最高加热温度 ≤60℃。

4. 实验操作流程

(1) 将两个试件紧密固定在加热器的上下面，试件表面应与导热铜板严密接触，尽量没有空隙存在。电加热器、试件、水套等安装完毕后，应保证以使其尽可能紧密接触。

(2) 连接好各自相对应的插头。

(3) 检查冷却水水泵、管道、各温度传感器能否正常工作。

(4) 打开设备电源，调节电压，按启动键开始预热加温；预热结束后，启动冷水泵并开启自动温度跟踪；等待试件的热面温度和冷面温度趋于稳定。温度基本稳定后，每隔一段时间记录一次电功率 W 和温度。

(5) 一个工况完成后可以调节主加热器功率，按上述方法进行测试得到另一工况的稳定测试结果，调节的电功率一般在 5~10W 为宜。

(6) 测试结束后，切断加热器电源并关闭跟踪器，经过 20min 左右关闭水泵后关闭设备电源。

5. 数据记录、处理与分析

实验数据取实验进入稳定状态后的连续若干次稳定结果的平均值。导热量(主加热器的电功率)为

$$Q=W(或 I×V)$$

式中，W 是主加热器的电功率值(W)，I 是主加热器的电流值(A)，V 是主加热器的电压值(V)。

由于设备为双试件型，导热量向上下两个试件(试件 1 和试件 2)传导，所以

$$Q_1 = Q_2 = \frac{Q}{2} = \frac{W}{2} = \frac{1}{2}I \cdot V \tag{4-1-4}$$

试件两面的温差为

$$\Delta t = t_R - t_L \tag{4-1-5}$$

式中，t_R 是试件的热面温度(t_1 或 t_2)(℃)，t_L 是试件的冷面温度(t_1 或 t_2)(℃)。

平均温度为

$$\overline{t} = \frac{t_R + t_L}{2} \tag{4-1-6}$$

平均温度为 $\overline{t}$ 时的导热系数为

$$\lambda = \frac{W \cdot \delta}{2(t_R - t_L)F} = \frac{I \cdot V \cdot \delta}{2(t_R - t_L)F} \tag{4-1-7}$$

将不同平均温度下测定的材料导热系数在 $\lambda\text{-}\overline{t}$ 坐标中得出 $\lambda\text{-}\overline{t}$ 的关系曲线，并求出 $\lambda = f(\overline{t})$ 的关系式。

4.2　非稳态法测定材料的导热性能实验

1. 实验目的

(1) 利用非稳态法测量绝热材料(不良导体)的导热系数和比热，掌握其测试原理和方法。

(2) 掌握使用热电偶测量温差的方法。

2. 实验原理

本实验的实验原理是源自第二类边界条件，无限大平板的一维非稳态导热问题。该问题可描述为：某足够大的平板，其厚度为 2δ，初始温度为 t_0；平板两面受恒定的热流密度 q_c 均匀加热(图 4-3)。求任何瞬间沿平板厚度方向的温度分布 $t(x,\tau)$。

描述该问题的导热微分方程为

$$\frac{\partial t(x,\tau)}{\partial \tau} = a \frac{\partial^2 t(x,\tau)}{\partial x^2} \tag{4-2-1}$$

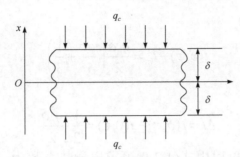

图 4-3　第二类边界条件无限大平板导热的物理模型

其初始条件如下

$$t(x,0) = t_0 \tag{4-2-2}$$

第二类边界条件如下

$$\frac{\partial t(\delta,\tau)}{\partial x} + \frac{q_c}{\lambda} = 0 \tag{4-2-3}$$

$$\frac{\partial t(0,\tau)}{\partial x} = 0 \tag{4-2-4}$$

方程的解为

$$t(x,\tau) - t_0 = \frac{q_c}{\lambda}\left[\frac{a\tau}{\delta} - \frac{\delta^2 - 3x^2}{6\delta} + \delta\sum_{n=1}^{\infty}(-1)^{n+1}\frac{2}{\mu_n^2}\cos\left(\mu_n\frac{x}{\delta}\right)\exp(-\mu_n^2 Fo)\right] \tag{4-2-5}$$

式中，τ 是时间，λ 是平板的导热系数，a 是平板的导温系数，$\mu_n = n\pi$，$n=1,2,3,\cdots$，$Fo = \dfrac{a\tau}{\delta^2}$ 是傅里叶数(Fourier Number)，表征非稳态导热过程的无因次时间；初始条件方面，t_0 是初始温度；边界条件方面，q_c 是沿 x 方向从端面向平板加热的热流密度，为一个恒定值。

随着时间 τ 的延长，Fo 数变大，式(4-2-5)中级数和项越小。

当 $Fo>0.5$ 时，该式的级数和项变得可以忽略，式(4-2-5)可写为

$$t(x,\tau) - t_0 = \frac{q_c\delta}{\lambda}\left(\frac{a\tau}{\delta^2} + \frac{x^2}{2\delta^2} - \frac{1}{6}\right) \tag{4-2-6}$$

即当 $Fo>0.5$ 时，平板各处温度和时间呈线性关系，温度随时间变化的速率是常数，并且处处相同，这种状态称为准状态。

在准状态时，平板中心面 $x=0$ 处的温度为

$$t(0,\tau) - t_0 = \frac{q_c\delta}{\lambda}\left(\frac{a\tau}{\delta^2} - \frac{1}{6}\right) \tag{4-2-7}$$

平板加热面 $x = \delta$ 处为

$$t(\delta,\tau) - t_0 = \frac{q_c\delta}{\lambda}\left(\frac{a\tau}{\delta^2} + \frac{1}{3}\right) \qquad (4\text{-}2\text{-}8)$$

此两面的温差为

$$\Delta t = t(\delta,\tau) - t(0,\tau) = \frac{1}{2} \cdot \frac{q_c\delta}{\lambda} \qquad (4\text{-}2\text{-}9)$$

确定 q_c、δ 和 Δt，就可以由式(4-2-9)可求出导热系数为

$$\lambda = \frac{q_c\delta}{2\Delta t} \qquad (4\text{-}2\text{-}10)$$

实际上，实验中使用的试件的尺寸是有限的。但一般认为，当试件的横向尺寸为厚度的 6 倍以上时，侧向散热对试件中心温度的影响可以忽略不计，此时试件两端面中心处的温度差即可视作是无限大平板两端面的温度差。

根据热电势平衡原理，在准状态时，有下列关系：

$$q_c F = c\rho\delta F \frac{\mathrm{d}t}{\mathrm{d}\tau} \qquad (4\text{-}2\text{-}11)$$

式中，F 是试件的横截面，c 是试件的比热，ρ 是试件的密度，$\dfrac{\mathrm{d}t}{\mathrm{d}\tau}$ 是准稳态时的温升速率。

由式(4-2-11)可得比热为

$$c = \frac{q_c}{\rho\delta \dfrac{\mathrm{d}t}{\mathrm{d}\tau}} \qquad (4\text{-}2\text{-}12)$$

实验时，$\dfrac{\mathrm{d}t}{\mathrm{d}\tau}$ 以试件中心处为准。

3. 实验仪器

根据上述原理设计的实验仪器如图 4-4 所示。

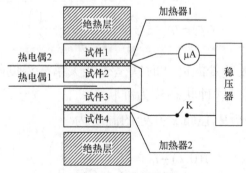

图 4-4 实验仪器图

(1) 试件。

共需 4 块尺寸完全相同的试件，尺寸为 100mm×100mm×δ，其中 δ=10～16mm。每块试件上下面要平齐，表面要平整。

(2) 加热器。

加热器采用高电阻的康铜箔，其康铜箔厚度为 20μm，保护箔的绝缘薄膜 50μm，共 70μm。其电阻值在 0～100℃范围内稳定。加热器平面为 100mm×100mm 的正方形，与试件的端面积相同。两个加热器的电阻值相差应在 0.1% 以内。

(3) 绝热层。

绝热层采用导热系数比试件小的材料，力求减少热量通过，使试件 1、4 与绝热层的接触面接近绝热。这样，可假定式(4-2-8)中的热量 q_c 等于加热器发出热量的 0.5 倍。

(4) 热电偶。

热电偶由 0.1mm 的康铜丝制成，其接线如图 4-5 所示。热电偶用以测量试件 2 的两端面温差及试件 2、3 接触面中心处的温升速率。

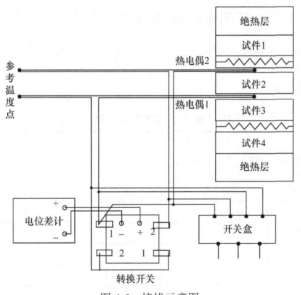

图 4-5　接线示意图

实验准备时，在试件 1 和 2 及试件 3 和 4 之间放入加热器 1 和 2，4 个试件和 2 个加热器要整齐叠放，热电偶测温探头要放在试件中心部位，最后放置绝热层，并预先加以适当压力，以保持各试件之间接触良好。

实验全部结束后，切断电源，恢复原状。

4. 实验操作流程

(1) 用卡尺测量试件的边长尺寸和厚度 δ，计算面积 F。

(2) 按图 4-4 和图 4-5 放好试件、加热器和热电偶，接好电源，接通稳压器，将稳压器预热 10min，此时加热器开关 K 保持为未接通状态。

(3) 校对电位差计的工作电流。将测量转换开关拨至"1"，测量试件在加热前的温度，此刻应等于室温。将转换开关拨至"2"，测出试件两面的温差，此时热电势应为 0，测量示值差最大不得超过 0.004mV，即相应的初始温度差不得超过 0.1℃。

(4) 接通加热器开关 K，给加热器通以恒定电流，同时每隔 1min 测读一个数值。奇数值时刻(1min、3min、5min……)测"2"端热电势的毫伏数；偶数值时刻(2min、4min、6min……)测"1"端热电势的毫伏数。经过一段时间后(一般为 10~20min)，系统进入准状态，"2"端热电势的数值(表征了式(4-2-10)中的温差 Δt)几乎保持不变，并记录加热器的电流值。

(5) 第一次实验结束，切断加热器开关 K，取下试件及加热器。加热器冷却并和室温平衡后才能用于下一次实验。试件则不能连续实验，必须经过 4h 以上放置，使其冷却至与室温平衡后才能再次使用。

5. 数据记录、处理与分析

数据记录见表 4-1。

表 4-1 实验数据记录

室温 t_0：____℃   加热器电流 I：____A

加热器的电阻(两个加热器电阻的平均值)R：____Ω

试件截面尺寸 F：____m²   试件厚度 δ：____m

试件材料密度 ρ：____kg/m³   热流密度 q_c：____W/m²

时间/min		0	1	2	3	4	5	6
热电势(mV)	"1"							
	"2"							
时间/min		7	8	9	10	11	12	13
热电势(mV)	"1"							
	"2"							

求出热流密度 q_c(W/m²)、准稳态时的温差 Δt(平均值)(℃)、准稳态时的温升速率 $\dfrac{\mathrm{d}t}{\mathrm{d}\tau}$(℃/h)之后，即可计算出试件材料的导热系数 λ(W/(m·K))以及比热

$c(J/(kg \cdot ℃))$。

4.3　中温辐射时物体黑度的测试实验

1. 实验目的

中温辐射体是指处于特定温度范围，发出的辐射基本为不可见光的红外辐射体。这种辐射体广泛应用于生产、生活、医疗等领域。本节采用比较法定性测量中温辐射时物体黑度 ε，并通过实验，深入理解和掌握辐射换热和物体黑度的相关知识。

2. 实验原理

由 n 个物体组成的辐射换热系统中，利用净辐射法给出物体 i 的纯换热量 $Q_{net,i}$ 为

$$Q_{net,i} = Q_{abs,i} - Q_{e,i} = \alpha_i \sum_{k=1}^{n} \int_{F_k} E_{eff,k}\psi_{k,i}\mathrm{d}F_k - \varepsilon_i E_{b,i}F_i \qquad (4\text{-}3\text{-}1)$$

式中，$Q_{net,i}$ 是 i 面的净辐射换热量，$Q_{abs,i}$ 是 i 面从其他表面的吸热量，$Q_{e,i}$ 是 i 面本身对外的辐射热量，ε_i、$E_{b,i}$、F_i 分别是 i 面的黑度、辐射力和面积，α_i 是 i 面的吸收率，$\psi_{k,i}$ 是 k 面对 i 面的角系数，$E_{eff,k}$ 是 k 面的有效辐射力。

图 4-6 为中温辐射物体黑度的实验装置，根据本实验设备的实际情况，可以认为：①传导圆筒 2 为黑体；②热源 1、传导圆筒 2 以及待测物体 3(受体)三者其表面上的温度均匀(图 4-7)。

图 4-6　中温辐射时物体黑度的测试实验装置

因此，公式(4-3-1)可写成

$$Q_{net,3} = \alpha_3 \left(E_{b,1}F_1\psi_{1,3} + E_{b,2}F_2\psi_{2,3} \right) - \varepsilon_3 E_{b,3}F_3 \qquad (4\text{-}3\text{-}2)$$

面积 $F_1 = F_3$，$\alpha_3 = \varepsilon_3$；角系数 $\psi_{3,2} = \psi_{1,2}$，根据角系数的互换性，可知 $F_2\psi_{2,3} = F_3\psi_{3,2}$，则有

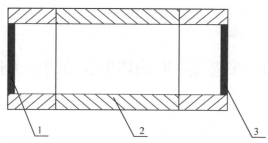

图 4-7　辐射换热简图
1-热源；2-传导圆筒；3-待测物体

$$q_3 = \frac{Q_{net,3}}{F_3} = \varepsilon_3 \left(E_{b,1}\psi_{1,3} + E_{b,2}\psi_{1,2} \right) - \varepsilon_3 E_{b,3} \tag{4-3-3}$$

$$= \varepsilon_3 \left(E_{b,1}\psi_{1,3} + E_{b,2}\psi_{1,2} - E_{b,3} \right) \tag{4-3-4}$$

由于待测物体 3 与环境之间主要以自然对流方式进行换热，因此

$$q_3 = \alpha_d \left(t_3 - t_f \right) \tag{4-3-5}$$

式中，α_d 是换热系数，t_3 是待测物体的温度，t_f 是环境温度。

由式(4-3-4)及式(4-3-5)得

$$\varepsilon_3 = \frac{\alpha_d (t_3 - t_f)}{E_{b1}\psi_{1,3} + E_{b2}\psi_{1,2} - E_{b3}} \tag{4-3-6}$$

当热源 1 和黑体圆筒 2 的表面温度一致时，$E_{b1} = E_{b2}$。考虑到由热源 1、圆筒 2 和待测物体 3 组成的体系为一个封闭系统，则

$$\psi_{1,3} + \psi_{1,2} = 1 \tag{4-3-7}$$

由此，式(4-3-6)可写成

$$\varepsilon_3 = \frac{\alpha(t_3 - t_f)}{E_{b1} - E_{b3}} = \frac{\alpha(t_3 - t_f)}{\sigma(T_1^4 - T_3^4)} \tag{4-3-8}$$

式中，σ 是 Stefan-Boltzman 常数，其值为 $5.67 \times 10^{-8} \mathrm{W/(m^2 \cdot K^4)}$。

对不同待测物体(受体)a、b，其黑度 ε 分别为

$$\varepsilon_a = \frac{\alpha_a(T_{3a} - T_f)}{\sigma(T_{1a}^4 - T_{3a}^4)} \tag{4-3-9}$$

$$\varepsilon_b = \frac{\alpha_b(T_{3b} - T_f)}{\sigma(T_{1b}^4 - T_{3b}^4)} \tag{4-3-10}$$

设 $\alpha_a = \alpha_b$，则

$$\frac{\varepsilon_a}{\varepsilon_b} = \frac{T_{3a} - T_f}{T_{3b} - T_f} \cdot \frac{T_{1b}^4 - T_{3b}^4}{T_{1a}^4 - T_{3a}^4} \tag{4-3-11}$$

当 b 为黑体时，$\varepsilon_b \approx 1$，式(4-3-11)可写成

$$\varepsilon_a = \frac{T_{3a} - T_f}{T_{3b} - T_f} \cdot \frac{T_{1b}^4 - T_{3b}^4}{T_{1a}^4 - T_{3a}^4} \tag{4-3-12}$$

3. 实验操作流程

本实验采用比较法定性测定物体的黑度。通过调整热源 1 和圆筒 2 的加热器，使二者保持在同一温度；并在恒温条件下测出"待测"(具有原来表面状态的待测物体)和"黑体"(表面熏黑的待测物体)两种状态的受体受到辐射后的温度，由此计算待测物体的黑度。

主要实验步骤包括以下五个。

(1) 受体采用具有原来表面状态的待测物体，热源和受体紧贴圆筒。

(2) 接通电源，将温度设定为实验所需温度，启动后系统将开始自动跟踪所设定温度。

(3) 系统保持在恒温时(各测温点在 5min 内波动小于 3℃，且各测点温度值基本接近)，开始测试待测受体温度；在 5min 内当待测受体温度的变化小于 3℃时，记录第 1 组数据。

(4) 将受体取下，用松木或蜡烛将冷却后的受体熏黑使之成为"黑体"状态的待测物体，重复实验步骤(1)～(3)，记录第 2 组数据。

(5) 根据第(3)、(4)步得到的两组数据，通过式(4-3-12)计算，得出待测物体的黑度 $\varepsilon_{受}$。

4. 注意事项

(1) 热源及圆筒的温度不宜超过 95℃。

(2) 每次做原始状态实验时，使用汽油或酒精将待测物体表面擦净，否则实验将有较大误差。

5. 数据记录、处理与分析

1) 实验数据

数据记录见表 4-2。

表 4-2　实验数据记录表

序号	热源/℃	圆筒温度/℃		受体(紫铜光面)温度/℃	备注
		1	2		
1					
2					
3					室温/℃
平均温度/℃					

序号	热源/℃	圆筒温度/℃		受体(紫铜熏黑)温度/℃	
		1	2		
1					
2					
3					
平均温度/℃					

2) 实验所用计算公式

根据式(4-3-8)，本实验所用计算公式为

$$\frac{\varepsilon_{\text{受}}}{\varepsilon_0} = \frac{\Delta T_{\text{受}}(T_{\text{源}}^4 - T_0^4)}{\Delta T_0(T_{\text{源}}'^4 - T_{\text{受}}^4)} \tag{4-3-13}$$

式中，ε_0 是"黑体"状态物体的黑度，假设为 1，$\varepsilon_{\text{受}}$ 是待测物体(受体)的黑度，$\Delta T_{\text{受}}$ 是受体与环境的温差，ΔT_0 是黑体与环境的温差，$T_{\text{源}}$ 是受体为相对黑体时热源的绝对温度，$T_{\text{源}}'$ 是受体为待测物体时热源的绝对温度，T_0 是相对黑体的绝对温度，$T_{\text{受}}$ 是待测物体(受体)的绝对温度。

3) 实验数据处理

由实验数据得

$\Delta T_{\text{受}} =74\text{K}$　　　　　$T_0=(135+273)\text{K}=408\text{K}$　　　　$\Delta T_0=110\text{K}$

$T_{\text{源}}' =(259+273)\text{K}=532\text{K}$　　　$T_{\text{源}} =(261+273)\text{K}=534\text{K}$　　　$T_{\text{受}} =(99+273)\text{K}=372\text{K}$

将以上数据代入式(4-3-13)得

$$\varepsilon_{\text{受}} = \varepsilon_0 \cdot \frac{74}{110} \cdot \frac{(260+273)^4 - (135+273)^4}{(259+273)^4 - (99+273)^4} = \varepsilon_0 \cdot 0.58 \tag{4-3-14}$$

在假设 $\varepsilon_0 =1$ 时，受体紫铜(原来表面状态)的黑度 $\varepsilon_{\text{受}}$ 为 0.58。

4.4　无限大空间的横管自然对流实验

1. 实验目的

(1) 用实验方法确定在静止空气中的自然对流换热系数，并将实验数据整理成准则公式。

(2) 了解相似理论是如何指导实验的。

(3) 掌握理论实验数据的方法。

2. 实验原理

根据相似理论的分析，横管在静止空气中，自然对流换热具有以下的准则形式：

$$Nu = f_1(Gr, Pr) \tag{4-4-1}$$

式中，Nu 为努塞特数，Pr 为普朗特数，Gr 为格拉晓夫数。Gr 在自然流体对流传热中表征浮升力和黏性力的相对大小。

对于空气来说，在一定温度范围内，Pr 基本等于常数。故式(4-4-1)可写为

$$Nu = f_2(Gr) \tag{4-4-2}$$

通过实验和理论分析表明，此函数可表示为

$$Nu = C(Gr)^n \tag{4-4-3}$$

该实验是以空气作为传热介质，实验结果及理论分析表明 $n=0.25$。

努塞特数：
$$Nu = \frac{h \cdot d}{\lambda_f}$$

格拉晓夫数：
$$Gr = g\beta\Delta T d^3 / \nu^2$$

换热系数：
$$h = \frac{Q}{\pi d L \Delta T}$$

加热量：
$$Q = IV$$

式中，d 是圆管管径(m)，L 是圆管长度(m)，g 是重力加速度，I 是电流，V 是电压；$\Delta T = T_w - T_\infty$，式中，$T_w$ 是壁温，T_∞ 是环境温度；λ_f 是空气导热系数，ν 是空气的运动黏性系数，均为物性参数，由定性温度 T_f 及大气压力决定，

定性温度 T_f 一般为壁温和环境温度的平均值；β 是流体的膨胀系数。根据上式，通过改变不同几何尺寸和不同加热量，即可得到不同的 Nu 和 Gr，进而可用对数坐标系作图求出常数 C 和 n，也可用最小二乘法计算出 C 和 n。上述方法最终可通过实验整理获得自然对流换热公式。

3. 实验仪器

该实验采用内部加热的单管，置于静止空气中，进行对流换热。实验仪器有实验仪器本体(加热管)、热电偶、电流表、电压表、直流稳压源等。

下面分别予以介绍实验设备本体和测量方法。

(1) 实验仪器本体。

由外径 D=19～87mm，长度约为 700mm 的钢管制成，两端各有三个螺孔沿周向均布，以便固定加热器。加热器是一根瓷管，上面有电阻丝，可通过电加热。两端有堵盖，以减少热量从端头散失。

(2) 测量方法。

大致加温 4h，当管内产生的热量等于外壁散失的热量时，即稳定传热，可用温度表计测出温度，环境温度为水银温度计所测量的数值。

4. 实验操作流程

(1) 按线路(图 4-8)将仪器接好，并检查无误。

(2) 接通电源，将稳压电源调至所需位置，即所需要电流电压值。

(3) 加热 3～4h，待稳定后记录下电流、电压值，并测定表面温度。

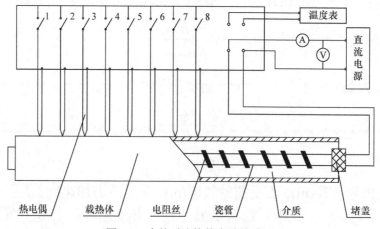

图 4-8　自然对流换热实验线路图

5. 数据记录、处理与分析

(1) 计算热流量。电阻丝所产生的热量主要以对流和导热的方式传至金属管表面，固体表面再以自然对流的形式传给周围的空气。由于堵盖和管壁结合不紧密的缘故从端头散失的能量一般很少，可以略去不计。

(2) 计算输入热量 $Q_1 = IV$ ，单位为 W。

钢管对周围空气的辐射损失 Q' 为

$$Q' = \sigma\varepsilon \cdot \left[\left(\frac{T_w}{100}\right)^4 - \left(\frac{T_f}{100}\right)^4\right] \tag{4-4-4}$$

式中，σ 是 Stefan-Boltzmann 常数，$\sigma = 5.67 \times 10^{-8}$ W/(m²K⁴)，ε 是镀铬钢管的辐射系数(黑度)，$\varepsilon = 0.1 \sim 0.15$，$T_w$ 是管壁温度，T_f 是定性温度，T_∞ 是环境温度。

钢管以自然对流形式传给空气的热量为 $Q = Q_1 - Q'$。

(3) 平均换热系数的换算为

$$h = \frac{Q}{\pi dL(T_w - T_\infty)} \tag{4-4-5}$$

式中，d 是圆管直径，L 是圆管长度。

因为 T_w 是取壁面平均温度，故式(4-4-5)是平均换热系数。假如计算每一点的换热系数，则应代入该点温度。在实验获得的测温结果中，温度分布为中间稍高，两端稍低，这是由于端头通过堵盖散热所致。

(4) 努塞特数的计算公式为

$$Nu = \frac{h \cdot d}{\lambda_f} \tag{4-4-6}$$

式中，λ_f 是空气导热系统(W/(mK))。

(5) 格拉晓夫数计算

$$Gr = \frac{g\beta d^3(T_w - T_\infty)}{v^2} \tag{4-4-7}$$

式中，g 是重力加速度，$g = 9.8\text{m/s}^2$，β 是空气的膨胀系数 (1/ K)，$\beta = \frac{1}{T_f}$，v 是空气的运动黏性系数(m²/s)。

(6) 横管自然对流实验记录见表 4-3。通过把数据画在对数坐标系中，即可通过直线方程求出常数 C 和 n。

表 4-3　横管自然对流实验记录表

姓名_____　班级_____　室温_____

序号	参数及单位	1	2	备注
1	I/A			
2	V/V			
3	d/m			
4	L/m			
5	$\dfrac{1}{8}\sum_1^8 T_w/\text{K}$			
6	T_∞/K			
7	$\Delta t = t_w - t_\infty\,/^\circ\text{C}$			
8	$Q = IV/\text{W}$			
9	$h_c = \dfrac{IV}{A\Delta t}/(\text{W}/(\text{m}^2\cdot{}^\circ\text{C}))$			
10	$h_r = \dfrac{5.67\varepsilon}{\Delta T}\left[\left(\dfrac{T_w}{100}\right)^4 - \left(\dfrac{T_\infty}{100}\right)^4\right]\Big/(\text{W}/(\text{m}^2\cdot{}^\circ\text{C}))$			
11	$h = h_c - h_r/(\text{W}/(\text{m}^2\cdot{}^\circ\text{C}))$			
12	$T_f = \dfrac{1}{2}(T_w + T_\infty)/\text{K}$			
13	$Nu_m = \dfrac{h\cdot d}{\lambda}$			
14	$Gr_m = \dfrac{g\beta\Delta t d^3}{v^2}$			

4.5　大空间沸腾换热实验

对沸腾换热进行实验研究，是探索沸腾换热特性的基本途径。由于沸腾换热类型的不同，沸腾换热实验基本上分为两类。一类是大空间沸腾换热实验，另一类是流动沸腾换热实验。大空间沸腾换热突出了沸腾换热的基本特性，且实验方法简便，因此常作为沸腾换热基本实验的内容。

由于实验目的和要求不同，大空间沸腾换热的实验内容、仪器、方法也有差别。例如，加热表面的形状分细丝、平面、圆管及各种特殊结构表面；

加热方式分电加热、蒸气或热流体加热；沸腾压力分高于、低于或等于大气压等。本节仅介绍大气压下电加热管状元件的大空间核态沸腾换热的实验方法、设备。它对于其他情况下的沸腾换热实验也有参考意义。

1. 实验原理

当大空间容器内的液体受到加热作用，温度达到对应压力下的饱和温度后，随着沸腾温差的逐渐增加，三种不同换热机理的沸腾状态：自由对流、核态沸腾、膜态沸腾将依次出现。工程上常用热流密度 q、换热系数 α 及其对应的沸腾温差 Δt_b 的关系来说明各沸腾状态的不同特征。沸腾换热实验就是要测量与计算出 q、α、Δt_b 的对应值及其关系曲线。图 4-9 为沸腾实验原理图。

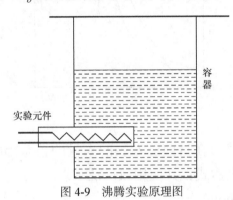

图 4-9　沸腾实验原理图

容器盛装液体(水或其他介质)，实验元件安装在容器内。实验中，用改变施于实验元件的加热功率来改变沸腾温差。测量出加热功率 Q_1 及加热表面温度 t_w 与液体饱和温度 t_s 之差 Δt_b，即可确定各沸腾状态的 q、α、Δt_b。

Q_1 包括加热面的支承物向环境所散失的热量。对于电加热

$$q_1 = \frac{Q_1}{F} = \frac{IV}{F} \tag{4-5-1}$$

式中，F 是加热面表面积(m^2)，I、V 分别是加热电流(A)与电压(V)。

沸腾温差可通过两种途径测取。一种方法是测出壁温 t_w，测出或查出液体的饱和温度 t_s，两者相减得 Δt_b；另一种方法是用热电偶直接测出 Δt_b(热电偶热端为 t_w，冷端为 t_s，并测出参考点温度 t_w 或 t_s)。前一种方法可减少测点布置等带来的系统误差，后者则可减少读数、仪表及运算带来的误差。一般说来，后一种方法精确度较好。

所测得的 q_1，减去散热损失后即可近似得到沸腾换热量 q。连同 Δt_b，按照牛顿冷却公式得

$$q = \alpha \Delta t_b \tag{4-5-2}$$

$$\alpha = \frac{q}{\Delta t_b} \tag{4-5-3}$$

适当地选择加热功率间隔，在稳态情况下，可测得若干组 q 及 Δt_b 值。计算出相应的 α 值，进而可制成 q-Δt_b 及 α-Δt_b 曲线(一般采用双对数坐标来绘制，如图 4-10 所示)。

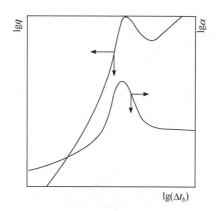

图 4-10   沸腾曲线

对于核态沸腾换热，在目前已发表的大量的核态沸腾换热方程式中，一般可分为 2 种类型的表达式，其应用较广泛。

(1) 罗森诺(Rohsenow)公式。

$$\frac{c_l(t_w - t_s)}{\gamma} = C_{sf} \left\{ \frac{q}{\mu_l \gamma} \left[\frac{\sigma}{g(\rho_l - \rho_v)} \right]^{\frac{1}{2}} \right\}^n \left(\frac{c_l \mu}{\lambda_l} \right)^m \tag{4-5-4}$$

式中，C_{sf}、n、m 分别是取决于液体及表面组合情况的经验系数及指数，表 4-4 列举了若干情况下它们的数值，γ 是汽化潜热(J/kg)，ρ_l、ρ_v 分别是液体与蒸气的密度(kg/m^3)，σ 是表面张力(N/m)，μ_l 是液体的动力黏度(N·s/m^2)，c_l 是液体比热容(J/(kg·℃))，λ_l 是液体的导热系数(W/(m·℃))，g 是重力加速度(m^2/s)。上述物性参数均以 t_s 为定性温度。

表 4-4   罗森诺公式中的系数和指数

液体-表面匹配	C_{sf}	m	n
水-镍	0.006	1.0	0.33
水-铜	0.013	1.0	0.33
水-黄铜	0.006	1.0	0.33

续表

液体-表面匹配	C_{sf}	m	n
CCl$_4$-铜	0.013	1.7	0.33
苯-铬	0.010	1.7	0.33
n 戊烷-铬	0.015	1.7	0.33

(2) 核态沸腾换热系数公式。

$$\alpha = Cq^n f(p) \tag{4-5-5}$$

式中，q 是热流密度(W/m^2)，p 是压力(bar)。C、n 及 $f(p)$ 取决于许多因素。对于水，在压力为 $1\sim40\text{bar}$ 的范围内，$C=3.0$、$n=0.7$，函数 $f(p)$ 的形式为

$$f(p) = p^{0.15} \tag{4-5-6}$$

当把 q 改为 Δt_b 时，式(4-5-5)还可写为

$$\alpha = 38.7\Delta t_b^{2.33} p^{0.5} \tag{4-5-7}$$

对于氟利昂，$n=0.75$，C 值列于表 4-5 中，且当 $0.02 < p/p_e < 0.06$ 时，函数 $f(p)$ 的形式为

$$f(p) = 0.18 + 1.53\left(\frac{p}{p_e}\right) \tag{4-5-8}$$

当 $0.06 < p/p_e < 0.5$ 时

$$f(p) = 0.14 + 2.2\left(\frac{p}{p_e}\right) \tag{4-5-9}$$

式(4-5-4)可作为实验结果验证、整理的参考。此外一些文献也提供了沸腾换热的计算公式。

表 4-5　氟利昂的系数

工质	R-11	R-12	R-21	R-22	R-113
C	3.51	4.22	3.95	4.75	3.08

2. 实验仪器

实验仪器系统由本体、热源、冷凝器、测温、测压及控制装置五部分组成，如图 4-11 所示。

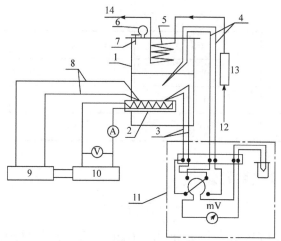

图 4-11　沸腾实验仪器系统示意图

1-容器；2-实验元件；3-测表面温度的热电偶；4-测液体温度的热电偶；5-冷凝器；6-测压计；7-排气阀；8-监视热电偶；
9-温度控制器；10-调压变压器；11-热电偶测试装置；12-冷却水进口；13-流量计；14-冷却水出口

(1) 本体。

本体包括容器 1、实验元件(加热面)2 及沸腾液体。

容器由普通玻璃制成(有机玻璃或其他材料也可以，但材料应与沸腾液体不发生化学反应。对于非透明材料，则需要加设观察孔)，要保证其强度和密封性。

实验元件为水平圆管，安装要考虑尽量减少支承物的散热损失。材料应与沸腾液体不发生化学反应且不被腐蚀。当沸腾液体采用氟利昂时，用铜、不锈钢等较适合实验。元件表面要经过精密加工，保证无可见的凹凸痕迹，并用 1000#砂布(纸)精磨抛光，再用酒精(或丙酮)多次洗涤并晾干，以避免油污及其他杂质残留在加热表面上。

实验液体可采用水或制冷剂。由于制冷剂沸点低，因而所需加热功率较小，设备较紧凑，但不宜选用沸点低于室温的制冷剂。考虑到实验的安全性，一般可选用 R-113、R-11 等。

实验中，实验液体的液面高度应保持高于加热面 20～30mm。

(2) 实验元件

实验元件用镍铬电热丝加热。电热丝的最大功率 Ne_{max}，应能满足实验所需最高热流密度 q_{max} 的要求，即

$$Ne_{max} = C\pi dL q_{max} \qquad (4\text{-}5\text{-}10)$$

式中，d、L 分别是实验管管子直径及长度，C 是安全系数，取 1.5～2.0。

电热丝的安装必须注意完全与实验管绝缘，并沿加热表面均匀分布。用

交流电加热，由调压变压器 10 调整加热功率。功率可根据实验要求选用交流电压表、交流电流表或功率表测定。

(3) 冷凝器。

为保持实验工况的稳定性和连续性，装置中安装冷凝器 5，以使液体蒸发和蒸气凝结循环正常。冷凝器可安装于容器内(或容器外)。冷却介质采用冷水。用调节冷水流量来控制容器的压力，使其保持在常压附近不变。

冷凝器的型式与面积根据沸腾液体的性质、数量及沸腾压力而异，尽可能采用高效紧凑的型式。

有条件者，可采用流量计 13 或用称重法测出冷却水流量 M，并用温度计测出进出口水温 t_1 和 t_2。在此基础上计算出冷却水所带走的热量，即可估计出凝结换热量：

$$Q_2 = Mc_p(t_2 - t_1) \tag{4-5-11}$$

式中，c_p 是水的比热容 $(J/(kg·℃))$。

利用 Q_2 可以估算出容器向环境的总散热损失 Q_3(加热元件的支承物和整个容器壁的散热量)：

$$Q_1 - Q_2 = Q_3 \tag{4-5-12}$$

从而可以对容器散热随沸腾工况的变化及散热状况对沸腾换热的影响进行分析。

(4) 测温、测压。

根据采用的沸腾工质的不同，液体沸腾温度也有所不同。若采用氟利昂，沸腾温度在 20℃～60℃(大气压下)，可用玻璃温度计或热电偶 4 测定。加热表面温度相应为 30℃～70℃，可用热电偶 3 测定。两者的测量精度应不低于 0.5℃。

容器顶部装有测压计。若采用氟利昂等制冷剂为沸腾液，而以测压计 6 测压时，要注意其导管不宜过长，并要适当保温，否则将引起较大误差。

(5) 控制装置。

为保证安全并及时排除不凝气体，在容器顶部装排气阀 7(兼作安全阀)。排气应通向室外。当容器压力高于设定值时，排气阀自动开启。

在测试临界热负荷及膜态沸腾时，为防止加热器烧毁，可在电加热系统中加装保护装置。当表面温度到达某限定值后，壁温监视热电偶 8 传递信号给温度控制器 9，而切断电源或降低电压。

3. 实验操作流程

(1) 实验前应检查液位、安全阀及各水、汽、电路是否正常，并先开启冷却水开关，使冷凝系统处于正常运行状况。接通电加热电源时，应由低电压逐渐调至拟测工况，待输入功率、压力、温度稳定后，再进行数据测取。停止实验时，应首先切断电热元件电源，关掉各仪表，停供冷却水。

(2) 为保证工况稳定，可调节：①冷却水的流量与温度；②加热器的输入功率；③排出不凝气体。不凝气体对沸腾压力影响甚大，测取数据前，一般要将排气阀重复开关数次，以尽可能排除不凝气体。

(3) 进行核态沸腾实验时，要从高热流密度向低热流密度逐次测取 q、Δt_b。加热功率变化幅度不可过大，在核态沸腾区至少测取 4～5 个点。

(4) 临界热流密度和膜态沸腾的演示，只有在仔细调整沸腾工况时，才能实现。

应用上述实验装置进行临界热流密度和膜态沸腾实验时，应注意：①在临界点附近要逐渐增加加热功率，并仔细观察加热表面的沸腾状况及压力变化；②当压力降低，加热表面出现块状汽区时，应首先降低加热功率，再适当减少冷却水流量，使压力回升到原值保持不变。当蒸气区合并成一个波动的汽膜时，即进入了膜态沸腾阶段。这时，液体的搅动减弱，热流密度降低，而沸腾温差 Δt_b 增高，换热系数 α 显著地降低。

4. 数据记录、处理与分析

(1) 实验所测原始数据列表记录。

(2) 根据前文所述 $q \approx q_1$。按式(4-5-7)计算 α，由 $t_w - t_s$ 计算 Δt_b。

(3) 对实验数据进行误差分析，求出 Δt_b、q 及 α 的相对误差。

(4) 按照所测和所计算的 Δt_b、q 及 α 的数据，在双对数坐标系中标绘 $q\text{-}\Delta t_b$ 及 $\alpha\text{-}\Delta t_b$ 曲线。选若干组数据，代入式(4-5-2)或式(4-5-3)进行验证，并计算其平均偏离度和最大偏离度。

5. 问题讨论

(1) 超过临界点后，为什么采用电加热的方法容易导致实验元件的烧毁，而采用热水或蒸气加热则不会引起这种现象？

(2) 为什么在测定核态沸腾数据时，要从高热流密度向低热流密度依次测取？如果相反，可能引起何种后果？

(3) 容器向环境的散热对测量结果有何影响，应如何处理？

(4) 为什么装置中不凝气体对沸腾换热的影响很大？

（5）在热流密度达到临界值时，其换热系数是否也达到最大值 $\alpha_{\max}$，为什么？

（6）就本实验，分析影响液体沸腾换热系数 α 的因素。

（7）根据实验数据，说明自由对流沸腾到核态沸腾的转变，大约在 Δt_b 为何值时发生？

4.6　蒸气沿竖壁凝结时换热系数的测定实验

蒸气凝结换热实验研究的目的是探讨凝结换热的机理，寻找强化换热的方法。就一些典型凝结换热而言，实验内容可按不同的冷凝条件进行安排，如：①膜状凝结或珠状凝结；②层流膜状凝结或紊流膜状凝结；③水蒸气或有机蒸气凝结；④几何形状及位置不同的壁面上的凝结，如竖壁、竖管、水平壁、水平管、肋管、管外及管内等。

本实验通过氟利昂蒸气在竖壁上的层流膜状凝结换热系数的测定，阐述凝结换热的基本实验方法。

1. 实验原理

在稳态工况下，当干饱和蒸气在冷壁面上凝结时，若凝液平均温度为 t_m，则凝结换热量为

$$Q = m\gamma + mc_p(t_s - t_m) \tag{4-6-1}$$

而壁面与凝结换热系数的平均值为

$$\alpha = \frac{Q}{(t_s - t_w)F} \tag{4-6-2}$$

式中，m 是单位时间的凝结液量(kg/s)，c_p 是凝结液的定压比热容(J/(kg·℃))，γ 是饱和温度 t_s 下的蒸气潜热(J/kg)，t_w 是冷凝壁表面平均温度(℃)，t_s 是蒸气饱和温度(℃)，t_m 是凝液的平均温度，当凝结液膜温度分布为线性规律时，$t_m = \dfrac{(t_s + t_w)}{2}$；$F$ 是冷凝表面积(m²)。实验测得 m、t_s、t_w 及蒸气压 p 后，由式(4-6-2)可求得平均凝结换热系数。

1916 年，努塞尔(Nusselt)根据连续液膜的层流运动和液膜的导热机理，从理论上导出了干饱和蒸气层流膜状凝结换热系数的计算式。对于竖壁，其平均表面传热系数为

$$\alpha = 0.943\left[\frac{g\rho^2\lambda^3\gamma}{\mu h(t_s - t_w)}\right]^{\frac{1}{4}} \tag{4-6-3}$$

式中，ρ 是凝液密度(kg/m^3)，λ 是凝液导热系数($W/(m\cdot℃)$)，g 是重力加速度(m/s^2)，μ 是凝液动力黏度($kg/(m\cdot s)$)，h 是竖壁高度(m)。以上物性 ρ、λ 及 μ 均以 t_m 作为定性温度，γ 按 t_s 确定。

后来实验研究发现，上述理论值与实验测定值相比偏低，这主要是由于 Nusselt 的理论公式是基于若干假定条件而导出的，例如，忽略液膜下滑运动时的惯性力作用、对流换热作用等。理论与实验的差值将与壁面高度、冷凝温度差 Δt 等条件有关。

还应注意，式(4-6-3)是纯蒸气在竖壁上的平均换热系数，如果蒸气中含有不凝性气体(例如，空气)，即使是微量的，换热系数也将大大降低。此外，蒸气速度、表面粗糙度、蒸气含油雾等，都是影响凝结换热的因素。实验应注意消除它们的干扰。

2. 实验仪器

实验装置及系统如图 4-12(a)所示。有机玻璃容器 1 为密封良好的厚壁有机玻璃方筒，每边宽约 30～40cm，高约 50cm，底部安设电加热蒸发器 5。蒸气穿过铜丝网 10，再经带孔的内隔板 9 进入冷凝空间(此外隔板还可消除器壁对冷凝表面的辐射影响)，在铜质冷凝试件 2 的表面上凝结。凝结液由量筒 3 收集计量。经计量后，打开电磁阀 4，凝液自动流入下部的蒸发器。容

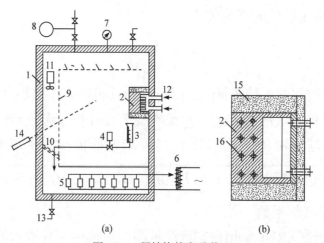

图 4-12　凝结换热实验装置

1-有机玻璃容器；2-铜质冷凝试件；3-量筒；4-电磁阀；5-电加热蒸发器；6-调压变压器；7-压力表；8-真空表；9-内隔板；10-铜丝网；11-微型风扇；12-冷却水进出口；13-液体进料口；14-激光器；15-聚四氟乙烯块；16-热电偶

器左上侧装有微型风扇 11，其作用是让容器中的蒸气有微弱的循环，使蒸气内含有的不凝性气体不至于聚集在试件周围。冷凝试件如图 4-12(b)所示，表面尺寸约 50mm×50mm，表面抛光，并在试件距表面 2mm 及 6mm 处自上而下均匀埋设 4～5 对热电偶。为加强对试件的冷却，冷却水一侧增加了肋片。冷却水由高位水箱供给，以保持水压稳定。聚四氟乙烯块 15 紧密包裹住铜质冷凝试件 2，以便隔热。

电加热蒸发器 5 由调压变压器调节功率。加热蒸发器的面积应尽可能大一些，这样可使加热器表面维持尽可能低的热流通量，以降低沸腾温差，减轻沸腾时蒸气的带液作用。

为监视蒸气是否为干饱和蒸气，在容器外设激光器 14，在激光照射下液滴呈现粒子状(类似太阳光柱中的灰尘)。在激光照射下，只允许有极少量的液滴，否则热量计算将带来较大误差。

本实验可采用氟利昂 R-113 或氟利昂 R-11(在标准大气压下，氟利昂 R-113 的沸点为 47.6℃，氟利昂 R-11 为 23.8℃)。采用这类工质，实验装置的温度水平大大降低，与环境温差小，实验工况易于稳定。若采用水蒸气，则本装置须在负压下进行实验。

真空泵用于抽除装置内的空气，并充填氟利昂工质。

铜质冷凝试件 2 内埋设热电偶的目的为：①按导热作用推算表面温度；②监测铜块向四周散热损失的大小，当热损很小时，采用导热公式计算出的离热电偶表面不同距离处的热量，应与凝结换热量相符合；③可测出表面温度自上而下的分布。

3. 实验操作流程

(1) 用游标卡尺精确测定冷凝表面的尺寸，要求表面光洁、无垢、无锈蚀。
(2) 准确标定盛放凝结液的量筒。
(3) 调节加热器负荷，保持容器的压力恒定，并随时用激光观察容器内的蒸气带液情况。

4. 数据记录、处理与分析

(1) 铜质冷凝试件 2 内各热电偶的温度稳定后，才可测取数据。
(2) 调节冷却水量或加热器功率，得不同壁温 t_w 下的实验结果。
(3) 分别算出埋设在试件内不同深度 δ_1 和 δ_2 处的两排热电偶的温度平均

值 t_1 和 t_2，按位置距离的比例标绘在如图 4-13 所示的坐标图上，由 t_1 与 t_2 连线的延伸线找到表面温度 t_w。

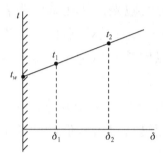

图 4-13　表面温度 t_w 的确定方法

若已知试件材料的导热系数 λ，则可由 t_1 和 t_2 算出冷凝换热量为

$$Q = \frac{\lambda}{\delta_2 - \delta_1}(t_2 - t_1)F \qquad (4\text{-}6\text{-}4)$$

由式(4-6-4)得到的 Q 值与式(4-6-1)的计算值的偏差应在容许范围内，以此可检验实验是否有重大误差。

(4) 将根据实测数据由式(4-6-2)算出的换热系数 α 与由式(4-6-3)计算得到的理论值进行比较。本实验装置中，由于试件高度 h 很小，实验值应接近理论值。

(5) 根据蒸气压力 p 查蒸气表(一般工程热力学都有此附表)得到的饱和温度，应与实验测出的蒸气温度一致。如果蒸气中含有不凝性气体，则测出的蒸气温度将低于与蒸气压力相应的饱和温度。根据实测压力和温度，用道尔顿定律可以计算出蒸气中不凝性气体的含量，从而可进一步分析不凝性气体对凝结换热的影响。此法在不凝性气体含量较低时很不准确，准确的办法是采用气相色谱仪测定不凝性气体含量，但仪器及操作均较复杂。

5. 问题讨论

(1) 若蒸气是湿蒸气，对实验会产生什么后果？

(2) 为什么试件的冷却水侧要加肋片？

(3) 实验用不同的工质，如分别采用水和氟利昂，在相同的 t_w 和 t_s 下，换热系数将有何不同？

(4) 当工质选定后，若不凝性气体是空气，怎样由实测压力和温度计算不凝性气体的含量？

第 5 章　燃烧学实验

燃烧学实验，揭示了燃烧过程中的燃烧规律，学生通过在燃烧实验过程中进行的实际操作，能使学生进一步了解并掌握关于燃烧的理论知识、各燃烧物理量的测量方法、检测仪表的工作原理、用途及调节方法，培养了学生对实验过程和结果的分析能力，提高了学生书写实验报告的能力。

5.1　预混气体燃烧法层流火焰传播速度测定实验

1. 实验目的

使用预混气体在玻璃管内燃烧的方法测量火焰传播速度和观测预混气体的燃烧现象。

2. 实验原理

液化石油气与压缩空气经过减压阀减压后进入混合管，混合管将燃料气与空气预混后送入燃烧腔体内。调节混合管燃气风门开度、调节液化石油气与压缩空气的出口压力均可以改变混合气体的浓度比例。浓度传感器在充气阶段测量预混气中可燃气体的浓度值。在燃烧过程中，防护阀起到隔离浓度传感器与高温烟气的作用，保护浓度传感器不损坏。点火器点燃预混气体后，通过排风风机将烟气排到室外。通过视觉或图像信号记录来判断火焰燃烧传播速度。本系统可以同时观测四根不同内径的石英玻璃管内的燃烧现象，图 5-1 为本实验装置原理图。

3. 实验操作流程

1) 实验前准备和检查

使用前，保持窗户为打开状态以便实验室内空气畅通，无强光照射。操作前，检查管路系统是否有泄漏情况，管路接口是否存在松动。确保燃气与压缩空气的气源充足、稳定。

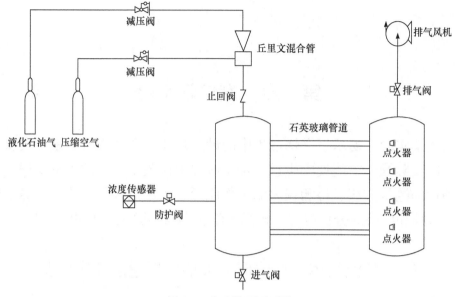

图 5-1　实验装置原理图

2) 实验操作流程及软件使用

(1) 层流火焰传播速度测量。

① 设备电源接通后开启计算机,从计算机桌面进入测试程序界面。

② 单击工具栏中的"启动相机",弹出相机设置对话框,在 Device Name 下拉列表框中选择"DFK"相机,然后在 Video Format 下拉列表框中选择"Y411(1440×1080)",单击"OK",相机配置完成。此时主界面上显示相机拍摄到的实时画面。

③ 主界面的控制面板上单击"充气",待所有阀门开启完成后,打开空气阀,调节减压阀到 0.03MPa;开启液化气阀门,调节减压阀到 0.03MPa。

④ 观察浓度传感器数值,当浓度值达到 23%~27%时(具体浓度值根据需要调整),单击"测量",停止充气,待浓度值开始缓慢下降后,可以进行点火操作。

⑤ 单击"点火",12s 后火花塞点火,相机自动捕捉功能开启。

⑥ 观察到燃烧过程结束后,单击"排气",排放风机将废气排出到室外。当浓度值降至 2.5%以下时,单击"停机",系统停止。

(2) 图像处理。

① 图像处理模块提供图像自动播放、单帧浏览、速度曲线生成等功能,单击主界面工具栏中的"图像处理",弹出图像处理窗体。

② 图像处理窗体打开后默认为自动播放模式,每 100ms 加载一帧图像数据。

③ 若要人工浏览单帧画面，单击"自动播放"，此时"自动播放"按钮名称变成"暂停播放"。通过单击"首帧""上一帧""下一帧""尾帧"来控制要浏览的图像数据。

④ 单击"生成速度曲线"，系统自动计算出四根管道内的火焰传播速度，并以速度曲线的形式呈现。

(3) 报表生成。

选择工具栏中"报表生成"。系统会弹出"保存"对话框，在对话框中选择报表生成的文件位置，并命名报表。单击"保存"后，完成报表生成，如图 5-2 所示。

层流火焰燃烧实验报告

实验名称：

实验日期：

左罐体压力：　　　　　　右罐体压力：

燃气浓度值：

燃烧速度曲线图

实验结论

实验人：

图 5-2　报表标准模板

4. 注意事项

(1) 液化气气瓶压力过低会导致混合气体浓度值无法达到点火浓度。

(2) 受到点火高压包的效率限制，点火间隔不宜过短，否则可能引起点火不成功。

(3) 当出现点火不成功时，请及时将预混气体排出。

(4) 系统将预混气体的点火浓度阈值设定为 20%～27%，大于或小于此浓度区间的值不会点火。

5.2　热流火焰炉实验

1. 实验目的

通过稳定绝热火焰和热通量法进行预混层流火焰速度测量和层流蜂窝状

火焰现象观测。

2. 实验原理

热流量火焰炉实验台由热流量燃烧器(Heat Flux Burner)、热电偶及温度记录仪、恒温水浴锅、质量流量控制器 MFC、压缩空气气源和气体钢瓶等组成。

燃烧方程式为

$$CH_4 + a(O_2 + 3.76N_2) = CO_2 + 2H_2O + 3.76aN_2$$

热流量火焰炉实验台的配气台的原理图，如图 5-3 所示。

3. 实验操作流程

1) 实验前操作流程

(1) 实验前准备。

① 检查实验的材料及其工具是否已准备完全。

② 检查氮气、甲烷气瓶状态是否完好，无泄漏、损伤等，氮气、甲烷气瓶与配气台的连接是否完好。

③ 向两台水浴锅加注纯净水，最低液面高于加热管 3cm，否则会烧毁加热管。

④ 检查系统线路与测控通道是否正常。

⑤ 检查空气压缩机与储气罐的工作状态是否稳定，确保状态完好稳定后再开机。热流量火焰炉实验台测控系统对空气气源要求如下：

a. 压缩空气工作压力 5~8bar；

b. 压缩空气消耗约 120L/min；

c. 压力低于 5bar，不能保证可靠性。

(2) 配气台管道排气与管路冲洗处理。

① 开启一级减压器(JY1/JY3)的排气阀，旋钮视窗由 "OFF" 旋转至 "ON"。

② 开启冲洗管路球阀 QF3，旋钮平行管道方向为开。

③ 开启氮气瓶顶阀，通气时间不小于 15s。

④ 关闭一级减压器(JY1/JY3)的排气阀，旋钮视窗由 "ON" 旋转至 "OFF"。

⑤ 关闭冲洗管路球阀 QF3，旋钮垂直管道方向为关。

(3) 检查氮气与甲烷气瓶压力。

① 将氮气与甲烷一级减压器(JY1/JY3)的调节旋钮按照逆时针方向将旋钮旋至很松的状态(旋钮没有螺旋阻力状态即可)。

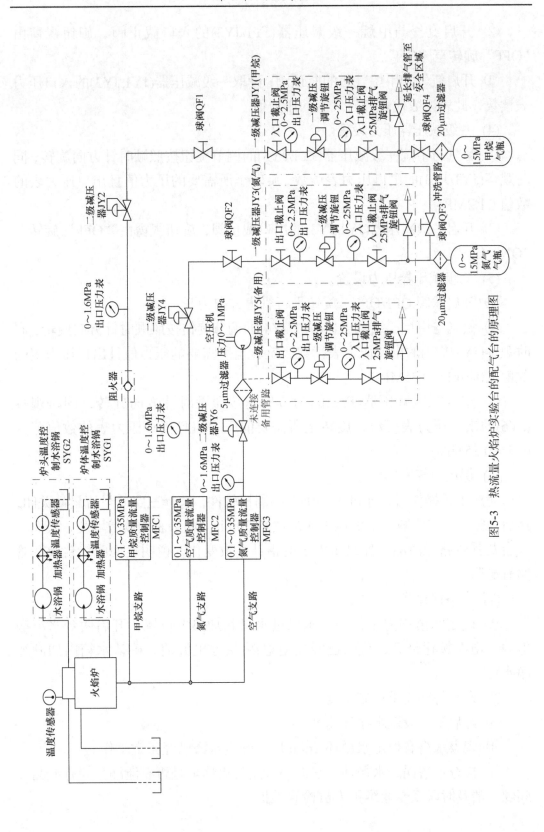

图 5-3　热流量火焰炉实验台的配气台的原理图

② 开启氮气与甲烷一级减压器(JY1/JY3)的入口截止阀，旋钮视窗由"OFF"旋转至"ON"。

③ 开启氮气和甲烷气瓶的瓶顶阀，读取一级减压器(JY1/JY3)的入口压力表读数，此表读数代表各自气瓶的压力值。

(4) 一级减压器压力设置。

① 氮气与甲烷一级减压器(JY1/JY3)的调节旋钮按照顺时针方向旋转，同时观察(JY1/JY3)的出口压力表读数，旋转至所需要的压力值且出口压力表的数值≤1.2MPa。

② 开启一级减压器(JY1/JY3)的出口截止阀，旋钮视窗由"OFF"旋转至"ON"。

(5) 二级减压器压力设置。

① 开启球阀 QF1/QF2，旋钮平行管道方向为开。

② 氮气与甲烷二级减压器(JY2/JY4)的调节旋钮按照顺时针方向旋转，同时观察(JY2/JY4)的出口压力表读数，旋转至所需要的压力值且出口压力表的数值范围(0.1～0.35MPa)。

③ 空气二级减压器(JY6)的调节旋钮按照顺时针方向旋转，同时观察(JY6)的出口压力表读数，旋转至所需要的压力值且出口压力表的数值范围(0.1～0.35MPa)。

(6) 保压与气密实验。

完成上述操作后，通过工控机上的测控软件，选择三路质量流量计关闭，然后观察一、二级减压器的压力表的读数 30min。如果表的读数不变，表面配气台及其管路无泄漏。如果压力表的指针读数变化，说明表面配气台及其管路有泄漏。

(7) 水浴锅操作。

① 确定水浴锅内水位高于水泵进水口和加热器位置，开启两台水浴锅电源，电源按钮灯亮，代表已经接通电源(接通电源前，确认水箱内加满纯净水)。

② 设定每路需求控制温度。

③ 开启泵，设定水循环速度。

④ 观察水浴有稳定水循环 2min 后，确定水浴已经正常工作。

⑤ 检查水浴锅的水循环，水循环管路与火焰炉是否有泄漏。如有泄漏等问题，请及时联系专业维护人员检修维护。

(8) 多路温度实时动态监测。

当扫描速度为 100m/s 时，可同时采集 8 路温度信号，此时采集频率为 10Hz。

2) 实验过程操作流程

(1) 将质量流量计的工作模式选择至常规，并输入实验前预先设想的数值；

(2) 单击测控软件上的"点火"图标，另一个实验人员同时通过手动点火装置点火，直至火焰炉上有稳定火焰为止。同时温度传感器有持续稳定的信号输出。当点火时间超过 60s 时，有≥6路的温度传感器未同时检测到温度升高≥10℃，则系统判断点火失败，系统会让质量流量控制自动关闭以停止供气。如果温度传感器在 30s 内，温度下降≥10℃，系统判断火焰熄灭，系统会让质量流量控制自动关闭以停止供气。

(3) 观察火焰状态、火焰颜色、炉头的温度输出。

注：甲烷与空气的总流量为 1600～2400ml/min 时，将比较预混层流火焰速度测量和层流蜂窝状火焰现象(数据仅供参考)。

(4) 记录相关实验数据、过程。

3) 实验结束后操作流程

(1) 管道余压泄压。

① 关闭甲烷气瓶阀，直至炉头火焰自动熄灭。

② 开启冲洗管路球阀 QF3，旋钮平行管道方向为开。

③ 一、二级所有减压阀全开，将旋钮顺时针旋转至旋钮无法手动拧动为止，代表减压阀全开。

④ 通过工控机上的测控软件，选择 3 路质量流量计全开模式。

⑤ 关闭 3 个支路的所有球阀和截止阀。先关球阀(QF1/QF2)，然后关闭其他阀门。

⑥ 通过工控机上的测控软件，选择 3 路质量流量计关闭模式。

(2) 甲烷支路冲洗。

① 开启甲烷支路的排气阀。

② 开启球阀 QF3，冲洗甲烷管路时间≥15s。

③ 关闭甲烷支路的排气阀。

④ 关闭球阀 QF3。

⑤ 关闭氮气瓶阀。

(3) 断电、关气操作。

① 关闭开启多路温度测试仪电源。

② 关闭水浴泵电源以及水浴锅的总电源按钮。

③ 关闭工控机。

④ 断开 3 路质量流量控制器的总电源。

⑤ 断开设备总电源开关。

⑥ 断开设备与电源连接。

⑦ 关闭空气压缩机。

4) 热流量火焰炉测试系统软件操作流程

(1) 启动主界面后，在系统初始化前，系统仅可进行流量参数计算及退出操作。此时，多通道温度采集、MFC 流量控制禁用。

(2) 系统初始化，选择"系统"中的"串口初始化"子菜单，对系统进行通讯连接。默认串口为 COM8、COM9(与计算机扩展端口名称有关)。串口初始化正常，弹出初始化成功提示框，此时多通道温度采集菜单项、MFC 流量控制菜单项激活。

(3) 单击"多通道温度采集"子菜单，多通道温度采集界面激活。输入实验名称、选择存储目录，设定温度传感器位置写入设定位置区域，此时热电偶类型、温度单位可设置(温度测试仪的相关参数被修改)。基本参数设置完毕，即可开始采集。

(4) "开始采集""采集并记录"两个选项(对应两个菜单项功能相同)只能任意操作一个，开始采集表示仅进行采集、采集并记录表示采集数据的同时进行数据存储。温度数据采集完毕，单击"停止采集"(对应菜单项功能相同)，数据采集停止。

(5) 单击"MFC 流量控制"子菜单，系统切换至流量控制子界面。勾选需要进行流量控制的曲线界面，默认勾选前 3 个，此时 3 个曲线显示界面及对应功能按钮激活，流量计地址默认为"32、33、34"(流量计地址已设定，请勿随意更改)。"32、33、34"分别对应甲烷、氮气、空气(面向配气台正面从右往左数)。根据需要可对流量计进行调节，包括"常规控制""阀关闭""阀全开"；根据需要可进行"清零""清除报警"操作。

(6) 设定"设定值"，由于流量参数计算界面已计算出各参数所占比例，该比例作为设定值输出。当需要修改设定值时，将设定值前端激活滑动按钮上滑，设定值框可编辑，此时修改设定值数据即可修改流量设定值。

(7) 修改流量转换单位，分为满量程占比(%FS)，标准毫升/分(SCCM)，标准升/分(SLM)，选择不同单位，可使设定值按对应单位所示范围进行设定，同时流量数据采集时，也可按对应单位进行显示。

(8) 单击"启动控制"(对应菜单项功能相同)，系统开始启动采集并控制，再次单击该按钮，系统停止控制。

(9) 在系统进行"启动控制"(MFC 流量控制界面)或"开始采集"/"采集并记录"(多通道温度采集界面)时，菜单项及相关按钮"串口初始化""流量参数计算""计算"等操作将禁用，直到"停止控制"和"停止采集"均结束后，方可恢复使用。

(10) 在系统实验过程中，MFC 流量控制、多通道温度采集操作可任意进行，二者相互不受影响。

4. 注意事项

(1) 系统在实验过程中，建议不要反复进行清零操作，过于频繁，影响流量计测定流量的稳定性。

(2) 系统运行中，存在的不可预知的偶然的错误报警，均可通过重启系统进行解决。

(3) 甲烷与氮气贮气瓶的储气压力≤10MPa，压力高于 10MPa 不能保证设备安全。

(4) 贮气瓶放在阴凉处、远离明火或高温处。

(5) 使用时平排放置气瓶与火焰炉，且两者最外侧之间距离大于 80cm。不允许在靠近火焰炉附近放置钢瓶，避免漏气时发生事故。

(6) 实验前、实验中、实验后均要检查气瓶和配气状态，状况良好方可进行实验和相关操作。如发现任何问题，请立即停止实验和相关操作，并及时排除隐患。

(7) 严禁水浴锅中的水未加至最低液面(高于加热管 3cm)进行水浴锅通电。

(8) 实验前和实验后均需要采用氮气对甲烷支路进行冲洗。

5.3　液滴燃烧特性实验

液滴燃烧特性实验系统是在一定温度和压力条件下，开展单个液滴燃烧、多个液滴燃烧或液滴碰撞燃烧实验。通过对密闭容器中的气体加热来实现高温高压环境，利用高速摄影仪记录液滴蒸发/燃烧过程中的体积变化，以研究燃料液滴的蒸发速率以及液滴半径的变化规律。

1. 实验目的

(1) 开展单个液滴燃烧、多个液滴燃烧或液滴碰撞燃烧实验。

(2) 研究燃料液滴的蒸发速率以及液滴半径的变化规律。

2. 实验仪器

液滴燃烧特性实验仪器由供应系统、实验舱、冷却系统和测控系统等组成。其中，供应系统由氮气、氧气、减压阀、截止阀、过滤器、推进剂储罐和注射泵组成。实验台布置如图 5-4 所示。

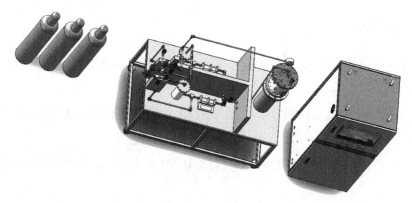

图 5-4　实验台布置效果图

3. 实验原理

液滴燃烧特性实验系统通过高压氮气将推进剂挤压入微量注射泵，然后通过氮气和空气加热器对实验舱压力进行控制，形成液滴燃烧的压力和温度条件，最后通过泵压方式来实现凝胶推进剂的单个或多个液滴，在高压高温环境下进行燃烧，通过计算机自动记录实验舱内压力和温度值，实验原理如图 5-5 所示。

4. 电气原理

通过数据采集仪对传感器参数进行采集存储，温控器对调节阀进行控制。由于需进行不同介质流量下的实验，注射泵行程通过 RS485/RS232 通讯的控制器进行调节，流量以行程进行计算，电气原理如图 5-6 所示。

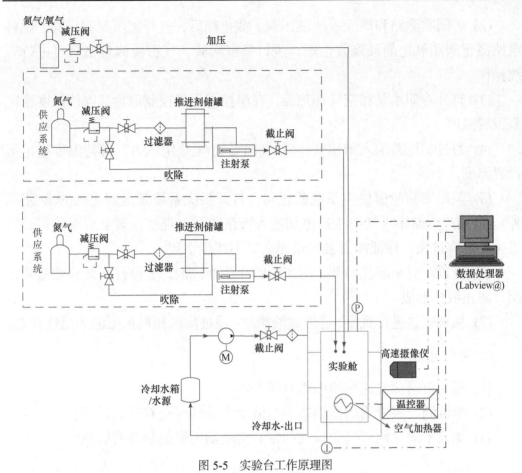

图 5-5　实验台工作原理图

注：1. 供应系统为两路，加压为单独一路；2. 凝液管也需水冷；3. 注射泵与实验舱尽可能近，使用钢板隔离。

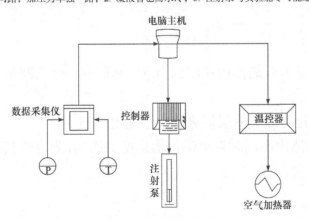

图 5-6　电气原理示意图

5. 实验操作流程

(1) 根据测试，在相应需求下更换凝液管凝液头，有互击、单滴、双滴和三滴可选，然后锁紧实验舱螺栓。

(2) 关闭吹除路和供应系统减压阀、截止阀后，打开加压路截止阀、燃料泵路截止阀和氧化剂泵路截止阀，进行气密实验，气密检测合格后可进行后续操作。

(3) 打开冷却水泵和空气加热器，在温控器设置控制温度，等待温度稳定到设置温度。

(4) 通过加压路加入增压气体(氮气和氧气)至指定压力，等待温度稳定至设置温度。

(5) 关闭实验舱前供应系统截止阀，打开供应系统其他截止阀(吹除路除外)，向推进剂储罐供气挤压推进剂进入管路和泵。观察注射泵后退状态，后退速度不宜过快，保证注射泵尽量充满，不产生空腔。

(6) 设置注射泵灌注参数，向实验舱灌注推进剂，缓慢打开实验舱前截止阀，防止液柱形成。

(7) 从观察窗进行观察，待形成液滴时，通过高速相机拍摄液滴燃烧状态。

6. 问题讨论

(1) 影响液滴蒸发速率的因素有哪些？
(2) 单液滴与多液滴的燃烧速率与液滴半径的变化有什么异同？
(3) 加入不同比例氮气和氧气的量，对液滴的燃烧是否有影响？

5.4 本生灯法层流火焰传播速度测定实验

1. 实验目的

(1) 进一步学习火焰传播速度的概念，掌握本生灯法测量层流火焰传播速度的原理和方法。
(2) 测定液化石油气的层流火焰传播速度。
(3) 研究气/燃比不同时对火焰传播速度的影响，测定燃料百分数不同时火焰传播速度的变化曲线。

2. 实验仪器

本生灯实验由实验台体、燃料罐、手动流量调节阀、数显流量计、数显压力表、本生灯及其他管路和阀门组成，使用不锈钢材质。本生灯进气口工作压力值为5kPa，空气管路与燃气管路流量调节范围为0~60L/h。图5-7为实验系统外观效果图。

图 5-7　本生灯实验台效果图

3. 实验原理

本生灯燃烧实验台系统框图，如图 5-8 所示。压缩空气通过减压阀调节后进入手动流量调节阀调节流量。液化石油气经过减压阀后进入手动流量调节阀调节流量，空气和液化石油气调节好当量比后接入本生灯。

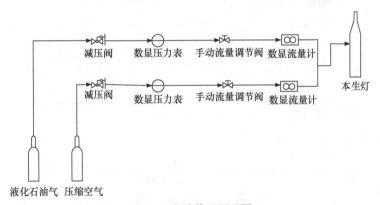

图 5-8　实验装置原理图

4. 实验操作流程

(1) 接通设备电源，开启计算机进入桌面，单击"进入"测试程序主界面。

(2) 打开液化气罐阀门，调节液化气减压阀(先将其调节到一个刻度值位置，在使用过程中若发现压力过小，可适当增大输出压力)，开启燃气开关阀，调节燃气流量调节阀，当燃气流量计读数达到 1SLPM 时，停止调节并使用电子点火枪在灯管出口处点火。

(3) 依次开启压缩空气进气阀、空气开关阀。调节空气流量调节阀，最终燃烧稳定后，停止调节。

(4) 记录实验数据，生成实验报表。

(5) 实验完成后，先切断液化气气源，再关闭压缩空气气源。

5. 数据记录、处理与分析

(1) 在本生灯口燃烧处于稳定状态后，单击工具栏中的"拍照"，记录当前的火焰形状。

(2) 单击工具栏中的"报表生成"，弹出"管径选择"对话框，选择实际的管径后，单击"确定"，完成管径选择操作。

(3) 完成管径选择后，系统会弹出"保存"对话框，在"保存"对话框中选择报表生成的文件位置，并命名报表。单击"保存"后，完成报表生成。报表标准模板如图 5-9 所示。

本生灯实验报告

实验名称：

实验日期：

管直径：

燃气压力：　　　　　　　　　燃气流量：

空气压力：　　　　　　　　　空气流量：

燃烧图

实验结论

实验人：

图 5-9　报表标准模板

6. 问题讨论

(1) 液化石油气的最大火焰传播速度对应的燃气百分数是多少？是否存在误差？

(2) 测量富燃料火焰传播速度存在哪些困难，是否能用本生灯法解决？

参 考 文 献

曹玉璋, 1998. 实验传热学[M]. 北京: 国防工业出版社

傅俊萍, 2005. 热工理论基础[M]. 长沙: 湖南师范大学出版社

傅秦生, 罗来勒, 2006. 热工基础要点与解题[M]. 西安: 西安交通大学出版社

郭绍霞, 1997. 热工测量技术[M]. 北京: 中国电力出版社

何雅玲, 2014. 工程热力学精要解析[M]. 西安: 西安交通大学出版社

景朝晖, 2004. 热工理论及应用[M]. 北京: 中国电力出版社

李平舟, 武颖丽, 吴兴林, 2012. 基础物理实验[M]. 2 版. 西安: 西安电子科技大学出版社

厉彦忠, 吴筱敏, 2007. 热能与动力机械测试技术[M]. 西安: 西安交通大学出版社

刘联胜, 2008. 燃烧理论与技术[M]. 北京: 化学工业出版社

涂颉, 章熙民, 李汉炎, 1986. 热工实验基础[M]. 北京: 高等教育出版社

汪军, 马其良, 张振东, 2008. 工程燃烧学[M]. 北京: 中国电力出版社

王子延, 1998. 热能与动力工程测试技术[M]. 西安: 西安交通大学出版社

严传俊, 范玮, 2016. 燃烧学[M]. 3 版. 西安: 西北工业大学出版社

杨世铭, 陶文铨, 1998. 传热学[M]. 3 版. 北京: 高等教育出版社

虞海平, 1989. CARS 技术与燃烧诊断[J]. 光谱学与光谱分析, 9(2):23-27

张华, 赵文柱, 2006. 热工测量仪表[M]. 北京: 冶金工业出版社

张平, 1988. 燃烧诊断学[M]. 北京: 兵器工业出版社

张学学, 2006. 热工基础[M]. 北京: 高等教育出版社

郑立新, 郝重阳, 周强, 等, 2010. 光学压力敏感涂料测量技术综述[J]. 海军航空工程学院学报, 25(3):349-352

周霞萍, 2007. 工业热工设备及测量[M]. 上海: 华东理工大学出版社

庄逢辰, 李麦亮, 赵永学, 等, 2002. 基于光谱测量的燃烧诊断技术[J]. 装备指挥技术学院学报, 13(4):32-36